Claudia Hilker

Kunden gewinnen und binden

Claudia Hilker

Kunden gewinnen und binden

gewinnen binden

Mehr verkaufen durch innovatives Marketing

2. Auflage

VVW KARLSRUHE

Bibliografische Information der Deutschen Nationalbibliothek

Die Deutsche Nationalbibliothek verzeichnet diese Publikation
in der Deutschen Nationalbibliografie;
detaillierte bibliografische Daten sind im Internet über
http://dnb.d-nb.de abrufbar.

Leider ist es kaum vermeidbar, dass Buchinhalte aufgrund von Gesetzesänderungen in immer kürzer werdenden Abständen schon bald nach Drucklegung nicht mehr dem neuesten Stand entsprechen. Beachten Sie bitte daher stets den Aktualisierungsservice im Downloadbereich auf unserer Homepage **www.vvw.de**. Dort halten wir für Sie wichtige und relevante Änderungen und Ergänzungen zum Download bereit.

Satz hgk:fotosatz Weingarten/Baden

Herstellung printsystem GmbH Heimsheim

ISBN 978-3-89952-436-9

Kunden gewinnen und binden

Finanzdienstleister müssen die Katze im Sack verkaufen. Versicherungen, Finanz- und Vermögensberatung kann man nicht anfassen. Es sind abstrakte Leistungen. Die Kunden erhalten weder eine Garantie noch ein Umtauschrecht. Deshalb gelten für die Vermarktung von Finanzdienstleistungen andere Strategien als für den Verkauf von Konsum- und Gebrauchsgütern. Dienstleistungs-Marketing ist hier das Mittel der Wahl, um nicht greifbare Produkte erfolgreich zu vermarkten.

Viele Finanzdienstleister zögern, wenn es darum geht, Geld in Marketing zu investieren. Viele meinen, Marketing sei Luxus, den sich nur die Großen leisten können. Sie beschränken sich nur auf wenig Marketing mit Visitenkarten, Website und Firmenschild. Die Folgen sind fehlende Neukunden, Kundenverlust und Umsatzeinbrüche. Die Konsequenz: schlechte Geschäftsergebnisse. Viele erleiden sogar Schiffbruch. Die Hälfte der Versicherungsvermittler erzielt ein Brutto-Einkommen von nur knapp 45.000 Euro. Mit zielgerichteten Investitionen ins Marketing ließe sich der Gewinn steigern.

Sie sind gut, haben aber zu wenig Umsatz? Vermarkten Sie sich besser! Machen Sie sich am Markt bekannt. Marketing bietet mehr als sporadische Aktionen, die als Zufallstreffer enden. Strategisches Marketing richtet Ihr Unternehmen markt-, zukunfts- und kundenorientiert aus. Sich eine solche Strategie zu erarbeiten, ist kein Luxus, sondern elementare Vorraussetzung zum Überleben – und für mehr Geschäftserfolg.

Wenn Sie erfolgreiche Geschäftsergebnisse erzielen wollen, brauchen Sie Marketing-Know-how. Sie brauchen eine eigene Marketing-Strategie, um neue Kunden systematisch zu gewinnen, sie sicher zu binden und Wachstum zu erzielen. Sie müssen neuen Kunden vermitteln, wer Sie sind, was Sie können und was Sie bieten. Warum soll der Kunde gerade Ihnen vertrauen? Wenn Sie diese Frage nicht in zwei oder drei Sätzen schlüssig beantworten können, sollten Sie dieses Buch lesen!

Mit Ihrem Erfolgsplan sichern Sie sich kontinuierliche Erfolge. Sie erzielen auf Dauer Wachstum. Ihr Marketing sollte sich für Sie auszahlen. Bedenken Sie: Top-Marken investieren bis zu 10 Prozent des Umsatzes ins Marketing. Auch für Finanzdienstleister wie Vermittler, Pools, Verbände und Vermögensberater rechnet sich dieses Investment, wenn

Sie es in professionelles Marketing investieren. Mit Einzelaktionen bewirken Sie dagegen nur Strohfeuer, die lichterloh auflodern, aber ohne Erfolg bleiben. Konzentrieren Sie sich auf zielgerichtetes Marketing: auf Ihren langfristigen Geschäftserfolg!

Wie gewinnen Sie Ihre Kunden? Neue Kunden zu gewinnen ist eine große Herausforderung. Die Konkurrenz ist hart und das Überzeugen des Kunden eine Herausforderung. Die Produkte sind komplex und schwer erklärungsbedürftig. Sprechen Sie deshalb vor allem die Gefühle Ihrer Zielgruppe an. Strahlen Sie Kompetenz, Sicherheit und Souveränität aus, um neue Kunden zu erobern. Neben Fachkenntnisse zählt deshalb die emotionale Ansprache. Wenn Sie den Neukunden emotional überzeugen, Ihnen zu vertrauen, gelingt es Ihnen leichter, Ihre Produkte zu platzieren – und den Kunden zu halten.

Wenn Sie langfristigen Geschäftserfolg erzielen wollen, dann brauchen Sie zufriedene Kunden. Ohne loyale Kunden starten Sie jede Akquise aufgrund von Kundenverlust. Das ist schwierig, demotivierend und gefährlich. Denn wenn Sie kontinuierlich nur gegen Ihren Kundenschwund arbeiten, kämpfen Sie auf verlorenem Posten.

Mit treuen Kunden steigern Sie dagegen Ihre Wertschöpfung: Loyale Kunden schließen öfter ab, sie kaufen mehr, sind weniger preissensibel und halten Ihnen auch dann noch die Treue, wenn einmal nicht alles rund läuft. Wenn Sie die Loyalität Ihrer Kunden gewinnen, generieren Sie kontinuierlich steigende Umsätze und gewinnen quasi gratis dazu ein gutes Neukundengeschäft. Kundenbindung sollte Ihnen deshalb genauso am Herzen liegen wie Ihre Akquise.

Dieses Buch richtet an alle Finanzdienstleister mit Interesse an Marketing. Auch wenn die Berufe grundsätzlich unterschiedlich sind, so verfolgen sie doch im Kern eine gemeinsame Mission: Mit der bedarforientierten Beratung das beste Produkt am Markt an den Kunden zu verkaufen! Wenn also in diesem Buch der Begriff „Finanzdienstleister" oder „Vermittler" verwendet wird, so wird er hier breit definiert und umfasst folgende Berufe:

- Versicherungsvertreter, Versicherungsmakler, Mehrfachagenten, Versicherungsberater
- Finanzplaner, Vermögensberater, Honorarberater, Baufinanzierungsberater
- Fach- und Führungskräfte in Versicherungen, Banken, Sparkassen, Pools, Verbände und Vereine.

Sie halten die zweite Buch-Auflage in Ihren Händen! Freuen Sie sich auf neue Inhalte, z. B.:

- Vertrauensaufbau in Krisenzeiten.
- Neue Beiträge über Online-Verkaufen, denn das Internet hat weiter an Bedeutung gewonnen.
- Lokales Marketing, weil Werbung vor Ort mehr Wachstum in Ihrer Region bewirkt.
- Persönlichkeitsentwicklung, damit Sie mit angenehmer Stimme und positiver Einstellung einfacher und mehr verkaufen.
- Neue Tipps zur Vertriebsförderung, wie Sie mit Referenzen leichter verkaufen, gezielte Fragetechniken zum Abschluss einsetzen und somit schwierige Kundengespräche meistern.
- Viele Praxisbeispiele, wobei Sie der fiktive Versicherungsvermittler Herbert Müller begleitet.

Das Buch enthält drei Bausteine:

A = **Marketing-Know-how:** Erwerben Sie Grundkenntnisse des Marketing

B = **Kunden gewinnen:** Alle Tricks und Kniffe, wie man leicht neue Kunden gewinnt

C = **Kunden binden:** Nur wenn Sie Ihre Kunden binden, werden Sie auf Dauer erfolgreich sein

Dieses Buch eröffnet Ihnen neue Wege für Ihr Marketing. Damit Sie in Zukunft Ihre Dienstleistungen perfekt vermarkten – auch in Krisenzeiten mit schwacher Kaufbereitschaft. Ich möchte Ihnen helfen, Marketing- und Verkaufsprozesse erfolgreich zu gestalten. Sie erfahren, wie Kaufentscheidungen bei Ihren Kunden ablaufen, wie Sie sich ein Marktsegment mit System erschließen und wie Sie die verschiedenen Marketing-Instrumente wie Website, PR und Mailings erfolgreich einsetzen.

Für die zweite Auflage gab mir der Versicherungsmakler Andreas Surendorf viele Anregungen. Ein herzliches Dankeschön auch an den Verlag

Versicherungswirtschaft für die gewährte Unterstützung und viele wertvolle Hinweise.

Übrigens: Unseren Newsletter mit aktuellen Tipps für Strategie, Marketing, Vertrieb und Kommunikationen erhalten Sie kostenlos online: www.hilker-consulting.de

Ihre 

Über die Autorin: Claudia Hilker ist eine erfahrene Unternehmensberaterin und mehrfache Buch-Autorin. Zudem arbeitet sie als Dozentin und Journalistin. Sie kennt sich aus mit den Gesetzen der Finanzmärkte und erfolgreichen Strategien für Marketing-Kommunikation. Hilker Consulting bietet strategische Beratung für Marketing-Kommunikation für klein- und mittelständische Kunden aus der Finanzwirtschaft, Gesundheit und Informationstechnologie in Düsseldorf.

Inhaltsverzeichnis

A) Marketing-Know-how für Finanzdienstleister

Wenn Finanzdienstleister ihre Produkte anbieten, hören sie von ihren Kunden oft Antworten wie: „Tut mir leid, Versicherungen brauche ich nicht." Und: „Von Vermittlern habe ich die Nase voll: Mein Geld ist durch die Krise auf die Hälfte geschrumpft." Oder: „Nein danke, ich kann mir keine Privatrente leisten." Es hat keinen Sinn und ist sogar nachteilig für Sie, wenn Sie gemeinsam mit dem Kunden wortreich die schlechte Wirtschaftslage und die hohen Preise beklagen. Sie geraten damit leicht in die Rolle eines Bittstellers. Und wer im Verkaufsgespräch nur über den Preis diskutiert, der ist selbst Schuld, wenn der Kunde ablehnt. Ihre Chance liegt darin, Ihre Kunden mit Ihrer Kompetenz zu beeindrucken und zu überzeugen. Denn der Bevölkerung ist keineswegs das Geld ausgegangen. Qualität und Preis sind jedoch nicht alleinige Maßstäbe, sondern auch mit Ihrem persönlichen Umfeld, einer fachlichen Qualifikation und fundierter Vorgehensweise müssen Sie Ihren Kunden überzeugen. Ihr Kunde möchte professionell bedient werden. Machen Sie Ihren Kunden zum Partner und präsentieren Sie sich mit professionellem Marketing.

Weniger Geld und mehr Unsicherheiten in der Lebensgestaltung. Die Furcht, arbeitslos und zum Hartz-IV-Fall zu werden, bedrückt viele Kunden. Sie vermeiden Risiken und langfristige Bindungen. Zudem müssen private Verbraucher immer öfter den Gang zum Insolvenzgericht antreten. Viele Kunden haben weniger Geld. Der Gürtel wird enger geschnallt. Entscheidungen über Finanzanlagen, Versicherungen oder Immobilien werden zurückgestellt. All das sind Hürden für Finanzberater im Vertrieb, die es durch persönliches Dienstleistungs-Marketing zu überwinden gilt. Bedenken Sie: „Ihr Erfolg steht auf zwei Beinen!" Nehmen Sie sich Zeit, um Ihre persönlichen Leistungen perfekt zu vermarkten. Auch in schwierigen Zeiten ist es möglich erfolgreich zu verkaufen. Seien Sie mal ehrlich: Wann gab es jemals wirklich leichte Zeiten für Verkäufer? Vermutlich nie. Jede Zeit hat ihre Herausforderung, die es zu meistern gilt. Als Erfolgstipp im Marketing gilt: „Wo sich der Bedarf verändert, muss sich auch die Strategie verändern." Die Ziele im Vertrieb bleiben dennoch gleich: Verkaufspotenziale müssen entdeckt, Neukunden gefunden und Stammkunden gebunden werden. Wichtiger denn je ist es, ein einzigartiges Profil zu entwickeln, um sich von anderen Wettbewerbern erfolgreich abzuheben. Nur das „Wie" ändert sich. Verkäufer müssen sich auf veränderte Marktbedingungen einstellen. Das Motto muss lauten: „Nicht mit jedem Vermittler konkurrieren, sondern das Besondere anbieten." Deshalb ist eine strategische Marketing-Planung zwingend erforderlich.

Welche Trends am Markt für Sie relevant sind

Der Markt für Finanzdienstleistungen hat sich in den letzten Jahren stark verändert. Er hat sich vom Verkäufermarkt zum Käufermarkt gewandelt. Durch Internationalisierung und Liberalisierung der Märkte erhöht sich die Wettbewerbsintensität im Finanzdienstleistungsbereich stetig. Die rasanten technologischen Entwicklungen haben neue Wege der interaktiven Kommunikation mit dem Kunden eröffnet, wie z. B. Online-Beratung und Web 2.0. Für neue Finanzdienstleister ist es schwierig geworden, in den gesättigten Markt einzudringen.

Am Markt wächst die Preissensibilität und die Loyalität nimmt ab. Beispielsweise verfügen Kunden zunehmend über zwei oder mehr Versicherungsgesellschaften und wählen produktbezogen zwischen Anbietern aus. Die Anforderungen an den Finanzdienstleister steigen, denn die Bedürfnisse und Produkte werden immer komplexer. Damit steigen der Informationsbedarf beim Kunden und der eigene Schulungsbedarf ebenfalls. Der Käufermarkt erfordert, dass der Kunde mit all seinen Wünschen und Bedürfnissen in den Fokus der Beratung gestellt wird. Finanzdienstleister müssen sich mit ihren Produkten so positionieren, dass sie sich langfristig von ihren Wettbewerbern abheben, um langfristig am Mark bestehen zu bleiben.

Der beste Weg, um Wettbewerbsvorteile zu gewinnen, ist die Bildung einer starken Marke. Sie stellt für Kunden und für das eigene Unternehmen ein wichtiges Kapital dar. Die Bedeutung starker Marken für den wirtschaftlichen Erfolg ist unbestritten. Die Voraussetzung für eine kundenorientierte Markenbildung ist die Analyse des Kundenverhaltens. Denn nur der Kunde bestimmt, was ihm nutzt und ob er sich mit einer Marke identifizieren möchte. Im Mittelpunkt dieses Buches steht deshalb immer die Kundensicht. Es wird aufgezeigt, welches Engagement die Kunden von Finanzdienstleistern erwarten und wie sie zum Kauf überzeugt werden. Ziel ist es, dass Sie eine Basis zu gewinnen, um Ihre kundenorientierte Marke zu erfolgreich zu gestalten. Nur wenn Sie

Kenntnisse über die Vorgehensweise des Kunden bei der Informationssuche zur Entscheidungsfindung haben, können Sie auch Kunden erfolgreich gewinnen. Lesen Sie dazu auch das Kapitel: „Machen Sie selbst zur Marke".

Besonderheiten von Finanzdienstleistungen

Unter Finanzvermittlung werden Beratungsleistungen verstanden, die Kunden benötigen, um sich für besondere Lebenssituationen wie den Hausbau oder für den Ruhestand finanziell abzusichern. Vermittelt werden Dienstleistungen und Produkte im Rahmen von Versicherungen, Kapitalanlagen oder Immobilienfinanzierungen. Vermittelt wird auch die Absicherung von Risiken wie Berufsunfähigkeit oder Tod, bei denen eine Rente oder Hinterbliebenenschutz garantiert wird. Finanzdienstleistungen weisen im Gegensatz zu Konsumgütern und anderen Dienstleistungen viele Besonderheiten auf. Sie sind wegen ihrer Immaterialität schlecht präsentierbar und können nur schwer als Marke erkennbar gemacht werden. Sie sind nicht patentierbar und deshalb auch kaum vor Imitation geschützt. Für den Kunden sind sie stark erklärungsbedürftig, da sie abstrakt und komplex sind.

Eine weitere Besonderheit der Finanzberatung liegt darin, dass sie Vertrauen vom Kunden erfordert. Die Produktmerkmale, die der Kunde schon vor dem Abschluss begutachten kann, sind gering. Umso größer hingegen muss der Vertrauensvorschuss des Kunden sein. Weitere Erfahrungen mit dem Produkt kann er erst nach der Beratung machen. Deshalb sind vertrauensbildende Maßnahmen des Beraters so wichtig: Höflichkeit, Zuverlässigkeit oder auch die Vermeidung überlanger Wartezeiten. Der Vertrauensaufbau sollte sowohl vor dem Kauf als auch nach dem Abschluss gefördert werden. Der Kunde weiß oft nicht, wie er das Know-how des Beraters prüfen soll, da er nur in seltenen Fällen über ausreichende Kenntnisse verfügt. Diese Unsicherheit bewirkt beim Kunden ein Risiko, denn die Qualität der Leistung ist für ihn schwierig zu beurteilen. Informationsdefizite und Unsicherheitsprobleme bestehen vor allem, da ein Vertrag über eine noch nicht erbrachte Leistung abgeschlossen wird. Das heißt: Es wird lediglich ein Leistungsversprechen abgegeben. Dieser Vertrag stellt eine Geschäftsbeziehung zwischen Kunde und Anbieter dar, die in der Regel auf längere Zeit angelegt ist. Schließlich ist zu erwähnen, dass die Erbringung einer Finanzdienstleistung irreversibel ist. Der Umtausch oder Probekauf der Leistung ist nicht möglich. Ein Vertrag kann zumeist nur mit hohen Kosten, wie z.B. bei einer kapitalgedeckten Lebensversicherung, annulliert werden. Aus all dem folgt: Präsentieren Sie dem Kunden nicht in erster Linie Ihre Erfahrungen und Kompetenzen, sondern erläutern Sie ihm, welchen Nutzen er daraus gewinnt.

Finanzdienstleister ist kein Traumberuf

In der Bevölkerung hat der Beruf des Finanzdienstleisters einen faden Beigeschmack. Unter 100 Berufen finden sich Versicherungsvermittler unter den zehn unbeliebtesten Berufen. Damit stehen sie in einer Stufe mit Bestattungsunternehmern, Reinigungskräften oder Radrennfahrern. Sie liegen in der Beliebtheitsskala sogar hinter Investmentbankern und Steuerberatern, so eine YouGovPsychonomics-Studie von 2009.*

Marketing nach der Marktbereinigung durch die VVG-Reform

Veränderte Rahmenbedingungen beeinflussen die Finanzbranche. Durch MiFId und EU-Vermittlerrichtlinie entstehen neue Perspektiven. Finanzdienstleister erhalten neue Geschäftschancen. Für Finanzdienstleister gilt, sich jetzt den neuen Herausforderungen zu stellen und dem Wandel gerecht zu werden. Im Markt ist durch die EU-Vermittlerrichtlinie eine Bereinigung erfolgt. Die Anzahl der rund 470.000 Finanzdienstleister ist durch die EU-Vermittlerrichtlinie auf 171.352 geschrumpft.

Gibt es zu viele Finanzdienstleister?

Es gibt etwa 130.000 hauptberufliche Versicherungsvermittler-Betriebe. Hinzu kommen etwas 50.000 Außendienstangestellte, die vor allem in großen Vermittlerbetrieben arbeiten. Diesen stehen rund 40 Millionen Haushalte und vier Millionen Firmen und Freiberufler gegenüber.

Das bedeutet, dass ein Außendienstler rund 200 bis 300 Privat- und Firmenkunden betreut. Es gibt also viel zu wenige Vermittler, um eine professionelle Beratung zu bewältigen. Und Sie sehen: Es gibt also ein großes Potenzial zur Neukunden-Akquise und somit große Chancen für Sie!

Betrachten wir diese Situation nun aus Kundensicht: Welch einen Aufwand muss der Kunde selbst betreiben, um bedarfsgerecht die richtigen Finanzprodukte zu finden und sich damit für die Zukunft abzusichern! Kann und will er das? Wie findet er die optimale und individu-

---

* Kundenmonitor Assekuranz 2009, weitere Infos unter www.yougovpsychonomics.com

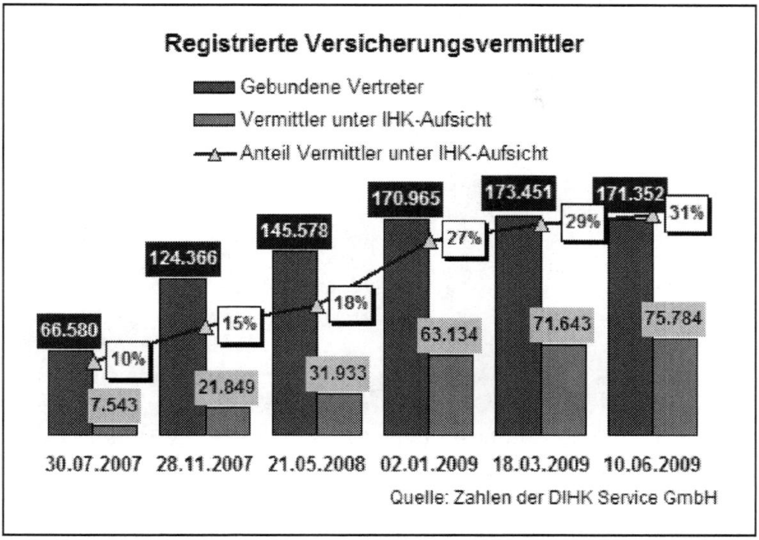

elle Lösung? Das Angebot an Finanzprodukten ist dramatisch gestiegen. Genau hier eröffnen sich fantastische Chancen für Finanzdienstleister. Denn jeder Kunde will das Beste aus seiner finanziellen Situation herausholen. Und er braucht dafür Ihre Hilfe.

Sie haben eine rosige Zukunft! Die demografische Zeitbombe tickt immer lauter, die staatlichen Sozialsysteme werden keine Vollversorgung mehr leisten können. Der Druck steigt, die Verantwortung für die finanzielle Vorsorge in die eigene Hand zu nehmen. Somit steigt die Nachfrage nach professioneller Finanzberatung. Mehr Nachfrage bei weniger Konkurrenz bedeutet für Sie: Gute Geschäfte für Ihr Unternehmen!

Produktverkauf ist überholte Vertriebsstrategie

Die Ziele, Wünsche und Bedürfnisse Ihrer Kunden müssen im Mittelpunkt Ihrer Finanzberatung stehen. Darüber sind sich viele Experten einig. Doch die Praxis sieht sich oft anders aus. Der Zeitaufwand zur Kundenbetreuung ist gering, weil die Verwaltungsaufgaben aufgrund der VVG-Reform zugenommen haben.

Der Produktverkauf dominiert noch. Die Finanzbranche leidet seit der Wirtschaftskrise unter einer Vertrauenskrise. Der Reputationsverlust betrifft die gesamte Finanzbranche, speziell den Vertriebsbereich. Bisher werden die Vertriebsstrategien in Deutschland immer noch zu 90 Prozent vom Produktverkauf geprägt. Der ist jedoch aus Kundensicht niemals bedarfsgerecht.

Gute fachliche Qualifikationen sind heute erforderlich. Die ganzheitliche Kundenberatung ist aus Expertensicht die optimale Lösung. Sie wird aber in der Praxis noch nicht überall eingesetzt. Die Dokumentationspflicht und die Beraterhaftung aus dem VVG können helfen, den Prozess für die Optimierung der Kundenberatung zu beschleunigen.

Eine weitere Herausforderung im Zusammenhang mit der Stärkung der Verbraucherrechte: Es treten vermehrt Konflikte zwischen Verbraucherzentralen und der Versicherungswirtschaft auf. Verbraucherstellen fordern, dass Versicherungsvermittler die Kosten transparent aufzeigen. Einige Bundesministerien veröffentlichten sogar Checklisten, in denen Verbraucher dazu aufgefordert werden, sogar über die Bestimmungen der VVG-InfoV hinaus über die zu zahlende Provision Informationen anzufordern. Eine Verweigerung dieser Information sollte demnach zu Misstrauen gegenüber der Seriosität des Vermittlers Anlass geben (VersicherungsJournal 5. 5. 2009). Diese Forderung nach absoluter Transparenz wird die Arbeit des Versicherungsvermittlers erschweren.

Ein Beispiel: Die Verbraucherzentrale Baden-Württemberg hat mit einem Internetvideo bei „Youtube" gegen die Provisionsberatung Stimmung gemacht. Im Video war ein Verkäufer von Versicherungs- und Finanzprodukten klischeehaft als „Finanzhai" dargestellt worden, der Produkte ausschließlich nach der Provisionshöhe vertreibt (VersicherungsJournal 19. 6. 2009, 24. 6. 2009). Die Schlussfolgerung der Verbraucherzentrale: „Gute Beratung mit Provision funktioniert nicht". Der *IGVM Berufsverband für Versicherungsmakler* hat daraufhin einen Strafantrag gegen die Verbraucherzentrale gestellt, um sich gegen die Diffamierung seines Berufsstands zur Wehr zu setzen.

Fazit: Die Anzahl der Versicherungsvermittler ist durch die VVG-Reform massiv geschrumpft. Die Anzahl der Kunden, deren Motive und die Sparrate sind gleich geblieben. Insofern haben sich die Bedingungen derjenigen Finanzdienstleister verbessert, die den Schrumpfungsprozess überlebt haben. Diejenigen, die auch in Zukunft am Markt bestehen wollen, müssen neue Herausforderungen meistern: Gestiegene Kundenanforderungen, verschärfte Rechte der Verbraucher sowie Haftungsfragen beachten und mehr Qualifikationen bieten. Und wer sein Geschäft erfolgreich und gewinnorientiert betreiben will, muss Marketing betreiben. Früher stand das Produkt im Vordergrund, heute der Kunde. Früher dominierte Produktverkauf, heute geht es um Finanzberatung auf Augenhöhe.

Wie Sie mit loyalen Kunden mehr verkaufen

Ihr Geschäftserfolg hängt vor allem davon ab, wie gut es Ihnen gelingt, das Vertrauen des Kunden zu gewinnen und Ihre langfristige Kundenbindung zu sichern. Strategisches Marketing gibt viele Ansätze, um dieses Ziel zu erreichen. Die Bildung einer starken Marke ist also die Basis für den Geschäftserfolg. Die Voraussetzung dafür ist eine kundenorientierte Markenpolitik.

Die meisten Kunden haben nur ein geringes Interesse für Finanzdienstleistungen. Dies ist eine enorme Erschwernis für Sie, weil nur begeisterte Kunden echte Markentreue entwickeln. Deshalb muss es Ihr Ziel sein, die Begeisterungsfähigkeit Ihrer Kunden zu steigern. Die Kunden scheuen sich, Zeit und Mühe in die Wahl bestimmter Anbieter oder Marken zu investieren. Finanzprodukte sind aufgrund ihrer Komplexität und der dominierenden rationalen Eigenschaften für den Kunden komplex, intransparent und wenig „sexy", also nicht emotional. Deshalb können viele Kunden sich nur sehr schlecht mit Finanzprodukten identifizieren. Hilfreich für Sie ist deshalb Ihre Marke, wenn sie Vertrauen schafft und somit die Komplexität reduziert. Zudem sollte sie auch Identifikationspotenzial bewirken. Außerdem können durch eine Marke Emotionen erzeugt werden, die dem Kunden die Auswahl erleichtern und gegebenenfalls auch das Interesse für ein bestimmtes Finanzprodukt wecken.

Wie Sie loyale Kunden gewinnen. Einige Kunden wie Akademiker entwickeln dagegen ein großes Interesse für Finanzdienstleistungen. Sie schauen n-tv und Bloomberg TV und lesen Finanztest. Weil sie gut informiert sind, sind sie auch bereit, hohen Aufwand auf sich zu nehmen, um verschiedene Alternativen ausführlich zu beurteilen. Sie erwarten nicht nur hohe fachliche Leistungen von ihrem Finanzberater, sondern wollen auch begeistert werden – durch gute Beratung, kleine Aufmerksamkeiten und Service. Es ist keine leichte Aufgabe, sie zufrieden zu stellen. Dennoch ist es außerordentlich lohnenswert, diese Mühe auf sich zu nehmen, denn es handelt sich um gut verdienende Kunden.

Begeisterte Kunden sind treu

Das Engagement des Kunden ist eine Schlüsselgröße für Ihre Markenbildung. Damit wächst die Bereitschaft des Kunden, sich ausführlich und umfassend mit dem Thema Finanzdienstleistung auseinanderzusetzen. Zudem hat es auch weitreichenden Einfluss auf die Entscheidungsprozesse, die Einstellungsbildung und auf Nachkauf-Phänomene wie Loyalität und Mund-zu-Mund-Propaganda. Für den Kunden dient die Wahl einer bestimmten Marke dem Ausdruck der eigenen Persönlichkeit und dem eigenem Wertesystem. Markentreue Kunden sind für Unternehmen wertvolle Kunden. Nur wenn Sie überzeugte Kunden haben, die mit Ihrer Marke eine feste Bindung eingehen, können auch neue Kunden als Botschafter Ihrer Marke fungieren.

Treue Kunden kaufen wiederholt. Dies bedeutet, dass Markentreue durch Gewohnheitsverhalten entsteht. Speziell bei Finanzdienstleistungen existiert generell meist eine höhere Markentreue als bei Konsumgütern. Als Ursache dafür gelten der hohe Anteil an Vertrauenseigenschaften und die Erklärungsbedürftigkeit, die die Markenbildung besonders notwendig machen und dadurch eine bessere Identifikation ermöglichen. Die Marke schafft es, dass der Kunde trotz bestehender Informationsdefizite und Unsicherheiten schon vor dem Vertragsabschluss Vertrauen fassen kann und dass sich für ihn somit die Produkt- oder Anbieterwahl erleichtert.

Der Kunde informiert sich heute mehrfach und wägt Alternativen sorgfältig ab. Er entwickelt Markentreue auf der Basis von Überzeugungen und Einstellungen. Ist er von einer Marke oder einem bestimmten Finanzprodukt begeistert, wird er dieser Marke treu sein. Die Bereitschaft zu weiterer Informationssuche und Alternativbewertung ist deshalb in der Folgezeit nur noch begrenzt vorhanden. Bei der Mehrzahl der Kaufentscheidungen handelt es sich allerdings um Abschlüsse ohne Begeisterung. Markentreue kann aber auch bei ihnen entstehen. Markentreue entsteht hier aus Gewohnheit. Allerdings dient sie lediglich der Entscheidungsentlastung, da die Kunden Zeit und Mühe scheuen, Alternativen zu suchen und zu bewerten.

Wie der Vertrauensaufbau zum Kunden gelingt

Durch die Subprime- Banken- und Wirtschaftskrise sind viele Kunden verunsichert. Deshalb halten sie sich mit Investitionen zurück, obwohl Geld vorhanden ist. Die Sparrate beispielsweise trotz Krise unverändert bei 10 Prozent. In Krisenzeiten verändern sich die Spielregeln für den Vertrieb. Hier einige Tipps, wie unabhängige Vermittler trotz Finanz- und Vertrauenskrise erfolgreich verkaufen.

Wem vertrauen die Kunden noch? Im Zuge der Finanzkrise hat das Vertrauen der Kunden in die Versicherungsbranche gelitten. Das Marktforschungs-Unternehmen YouGovPsychonomics hat dazu im April 2009 die Bundesbürger befragt. Nahezu zwei Drittel stimmen zu, dass ihr Vertrauen in Lebens- und Rentenversicherungen durch die Finanzkrise gelitten hat. Das Vertrauen in Versicherungsvermittler ist jedoch weiterhin groß. 88 Prozent sind außerdem davon überzeugt, dass man sich auf den Vertreter verlassen kann, wenn man ihn braucht.

Kunden wollen weiter zum Vertreter. Die Deutschen wollen in Sachen Altersvorsorge vor allem vom Versicherungsvertreter beraten werden. Der liegt mit 49 Prozent Präferenz mit weitem Abstand vorne. Und auf dem nächsten Rang folgen Bank- und Sparkassenberater. Einen „unabhängigen Finanzberater" wünschen sich nur 14 Prozent, Versicherungsmakler sind sogar nur bei 12 Prozent auf der Wunschliste.*

Jede Krise verändert den Markt. Und es gibt keine Patentlösung, wie man zerbrochenes Vertrauen wieder aufbaut. Jedoch gelten nach Krisen besondere Spielregeln, um die Herausforderung zum Vertrauensaufbau zu meistern. Eine gezielte Kommunikationspolitik ist jetzt wichtiger denn je. YouGovPsychonomics hat festgestellt, dass nur jeder siebte Versicherungskunde von seiner Versicherung mit Informationen zur Finanz-

* Kundenmonitor Assekuranz 2009, weitere Infos unter www.yougovpsychonomics.com

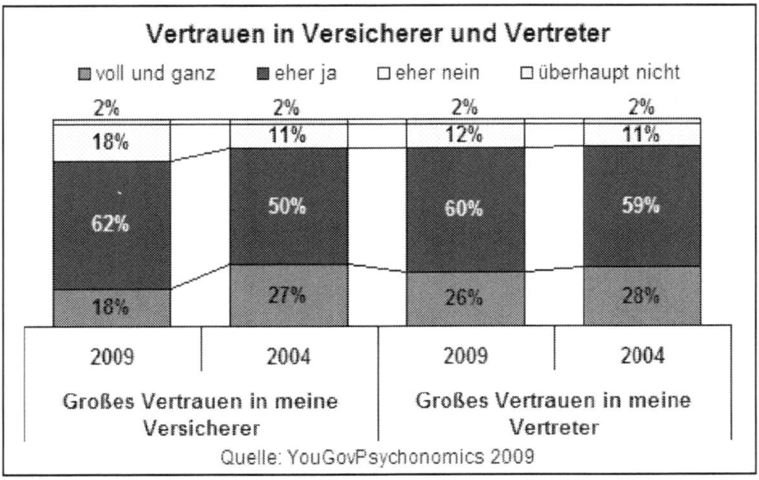

krise per Brief oder Mail angeschrieben wurde. Dabei wäre dies eine einfache und wirksame Maßnahme gewesen, das Vertrauen des Kunden nachhaltig zu festigen. Denn der Informationsbedarf ist groß: Gut jeder sechste Kunde hat sich selbstständig auf der Website seiner Versicherung zur Finanzkrise informiert. Ein einfacher Informationsservice ist also schon der erste Schritt in die richtige Richtung, um Kundenorientierung nicht nur als Phrase zu verwenden, sondern aktiv zu leben.

Chancen nutzen

Die wichtigste und dringlichste Aufgabe ist also, zerstörtes Vertrauen wieder aufzubauen. Denn Menschen wollen und müssen vertrauen, um Geschäfte zu tätigen. Ohne Vertrauen fehlt dafür die Basis. Gerade in Zeiten von Veränderungen wie der Globalisierung ist Vertrauen für den Aufbau tragfähiger Beziehungen von enormer Bedeutung. Verkaufen lässt sich am besten, wenn der Käufer vom Produkt überzeugt und sogar zur Weiterempfehlung bereit ist. Bei Finanzdienstleistungen erfolgt der Abschluss über Vertrauen – besonders dann, wenn das Wissen fehlt, ein Produkt vollständig zu verstehen. Ohne Vertrauen wird kein Kunde einen Vertrag unterschreiben und niemals vertrauensvolle Empfehlungen aussprechen.

Wichtig ist in der Krise, dass Sie das offene Gespräch mit Ihren Kunden suchen. Viele Kunden fühlen sich mit ihrer Angst allein gelassen. Im Fernsehen sehen sie schillernde Image-Spots aus der Finanzwelt und wundern sich über die unbesorgten Werbeausgaben der Unternehmen in der Krisenzeit. Im Briefkasten finden sie Werbepost für Kredite, Riester-Produkte und Altersvorsorge. Viele Kunden fühlen sich durch diese unpersönlichen Werbebotschaften der Finanzinstitute jedoch allein gelassen und nicht ernst genommen. Die Zeiten, Sorglosigkeit und Wagemut zu kommunizieren, sind vorbei. Jetzt geht es um klare Aussagen, wie man sich den Problemen zu stellen gedenkt. Dies gilt auch für Finanzdienstleister.

Wie hat sich die Abschlussbereitschaft der Kunden durch die Krise verändert?

Die Nachfrage-Motive sind auch trotz Krise gleich geblieben:

1. Versicherungsschutz optimieren
2. Unnötigen Versicherungsschutz vermeiden und Geld sparen
3. Absicherung persönlicher Risiken wie Berufsunfähigkeit, Krankheit, Unfall ...
4. Aufbau einer privaten Altersvorsorge
5. Ausschöpfung der staatlichen Förderung
6. Steuern sparen.

Fazit: Vertrauensaufbau ist wichtiger denn je

Vertrauen ist ein zartes Pflänzchen. Es braucht lange zum Wachsen – und ist bei Vertrauensbruch in Sekunden zerstört. Zerstörtes Vertrauen wieder neu aufzubauen kann ewig dauern. Es gibt nur einen Weg aus der Finanzkrise: neues Vertrauen aufbauen. Um das Vertrauen Ihrer Kunden wieder aufzubauen, müssen Sie jetzt auf Transparenz, Offenheit und Zuverlässigkeit setzen. Zeigen Sie Ihre Qualitäten als erfahrener Finanzdienstleister durch Kunden- und Service-Orientierung, Glaubwürdigkeit und Freundlichkeit. Denn nur so können Sie das Vertrauen wieder nachhaltig aufbauen.

Suchen Sie gerade in der Krise das Gespräch mit Ihren Kunden. Sie verhindern damit, dass deren Vertrauen schwindet. Nicht um ihnen dann sofort wieder etwas zu verkaufen. Vielmehr, damit Ihr Kunde nicht abwandert, weil er das Gefühl hat: „Mein Vermittler ist nur für mich da, wenn es etwas zu verdienen gibt! In schwierigen Zeiten lässt er mich allein!" In Krisenzeiten gilt es, verständliche Hintergrund-Informationen zu geben und das persönliche Gespräch anzubieten. Nicht nur, um das Bestandsgeschäft zu sichern, sondern auch, um sich in auch in Krisenzeiten als Finanz- und Kommunikationsexperte zu positionieren und die Stammkunden zu halten.

Typische Marketing-Fehler, die Sie vermeiden sollten

Es ist noch kein Meister vom Himmel gefallen. Und viele erwerben ihre Marketing-Kompetenzen durch „learning-by-doing". Deshalb ist es wichtig zu wissen, welche Fettnäpfchen sich vermeiden lassen. Zahlreiche Finanzdienstleister machen folgende Fehler:

1. Unzureichende Marktorientierung

Bei unserer Beratung stellen wir immer wieder fest: Finanzdienstleister sind sehr oft Meister ihres Faches, in der Kundenberatung und im Produktwissen ist ihre Kompetenz perfekt. Gleichzeitig fehlen ihnen Informationen darüber, ob ihre Produkte oder ihre Dienstleistung vom Markt bzw. vom Kunden überhaupt gewünscht sind und wie diese „an den Mann oder an die Frau" gebracht, also Vermarktet, kommuniziert und verkauft werden.

2. Fehlendes Unternehmensgesicht

Unternehmen verstehen sich oft lediglich als Produktgeber oder Diensleistungsanbieter. Sie übersehen dabei, dass sie vom Kunden nie allein, sondern als „komplexes Ganzes" gesehen werden. Problematisch ist, dass viele Finanzdienstleister die Bedeutung ihres Firmenauftrittes unterschätzen. Wichtig ist vielmehr, dem Unternehmen so schnell wie möglich ein „Gesicht" zu geben und diese Identität systematisch und einheitlich zu kommunizieren. Dazu gehören:

- sinnvolle Namensgebung
- aussagekräftiges Logo
- einheitliche, für die Firma repräsentative Geschäftspapiere (von der Visitenkarte bis hin zur Imagebroschüre).

3. Fehlende Öffentlichkeitsarbeit

Mit einer einmaligen, schwungvollen Eröffnungsaktion zum Unternehmensstart sollte Ihre Öffentlichkeitsarbeit keinesfalls erledigt sein. Ihre Firma bekannt zu machen und zu erhalten, ist Chefsache. Dies ist eine permanente Aufgabe, die Sie als Inhaber ständig verfolgen sollten.

4. Marketing-Killer „Tagesgeschäft"

Viele Finanzdienstleister vernachlässigen ihr Marketing nicht zuletzt deshalb, weil sie vom Tagesgeschäft viel zu stark beansprucht werden. Vergessen Sie über den Belastungen des Alltags nicht: Sie sollten einen Marketing-, einen Vertriebs- und PR-Plan aufstellen. Diese Pläne sollten Vorgabe für alle Verkaufs- und Marketing-Maßnahmen sein.

5. Verzettelte Akquise

Sehr häufig erkennen Finanzdienstleister erst spät, dass Auftragseingang und Verkauf stagnieren. Gleichzeitig sind nur wenige neue Kunden hinzugekommen. Hintergrund: Finanzdienstleister vernachlässigen oftmals die kontinuierliche Akquise. Sie verzetteln sich, der Erfolg aller Bemühungen rechtfertigt den Aufwand nicht und die Kosten übersteigen die Einnahmen. Hier helfen eine konsequente Abgrenzung der Zielgruppe und ein gezielter Maßnahmenplan sowie ein zielgruppengenaues Marketing-Konzept.

6. Optimieren Sie Ihren Vertrieb

Der Vertrieb ist heute oft das teuerste im Unternehmen. In manchen Branchen verlangen Vertriebsfirmen bis zu 70 Prozent an Provision. Vertriebsfirmen wiederum freuen sich, wenn sie Umsatzrenditen von 5 bis 10 Prozent realisieren. Dies zeigt, wie aufwendig der Vertrieb sein kann.

7. Prüfen Sie Ihren Vertrieb auf Herz und Nieren

Haben Sie die richtigen Vertriebskanäle gewählt? Erhalten Ihre Kunden einheitliche klare Botschaften? Wie setzen Sie flankierende Marketing-Maßnahmen ein? Diese Fragen sollten sich nicht nur Finanzdienstleister, sondern viele, schon lange am Markt operierende Firmen wie Pools, Verbände, Banken, Sparkassen, Versicherungen und Emissionshäuser immer wieder neu stellen!

8. Zeit für Vermarktung

Die meisten Finanzdienstleister nehmen sich zu wenig Zeit für das Wichtigste: für die Entwicklung des eigenen Unternehmensprofils. Bauen Sie Ihre Kompetenz als Finanzdienstleister aus! Kunden legen eindeutig mehr Wert auf Service, Mehrwert und Zusatzangebote als auf den Preis. Erfolgskriterien der Zukunft sind: Orientierung im Beratungsgespräch an Kundenzielen und Ergebnisorientierung am finanziellen Erfolg. Außerdem: Motivation und Ausbildung der Mitarbeiter und Kundenorientierung im gesamten Unternehmen.

Die wichtigsten Trends im Finanzmarkt

Der Wandel in der Finanzdienstleistungsbranche ist unaufhaltsam. Die Ursachen im Überblick:

1. Marktveränderungen: Der Wettbewerbsdruck steigt durch die Globalisierung. Der Vorsprung durch neue Produkte wird immer geringer. Produkte und Dienstleistungen ähneln sich stark. Der Markt zeichnet sich durch Sättigung aus: Viele Kunden sind versorgt.
2. Gestiegene Aufklärung: Einige Kunden informieren sich selbst in Finanzfragen. Sie recherchieren im Internet und verfügen über detailliertes Finanzwissen. Dadurch werden die Kunden in ihren Entscheidungen immer selbstbewusster. Somit hat sich der Versicherungsmarkt vom Verkäufer- zum Käufermarkt gewandelt.
3. Ihre Kunden werden aufgrund der demografischen Veränderungen immer älter. Die Vermögensstruktur wandelt sich aufgrund der Erbengeneration. Damit verändert sich die Risikobereitschaft, ältere Kunden setzen verstärkt auf Sicherheit.
4. Individualisierung: Immer mehr Kunden verlangen individuelle Lösungen. Die Lebensformen ändern sich, der Trend geht zum Single-Haushalt. Zudem wechseln die Übergänge zwischen Lebensformen beständig, z.B. Leben in einer Familie, als Single, in einer Patchwork-Familie oder Fernbeziehung. Merkmale klassischer Kundentypen vermischen sich. Widersprüchliches Kaufverhalten im Freizeit- und Konsumverhalten setzt sich durch, z.B. der Kunde kauft mal im Aldi, mal bei Käfer Feinkost.

5. Rechtliche Rahmenbedingungen verändern sich, z.B. durch die EU-Vermittlerrichtlinie. Damit verstärken sich der Verbraucherschutz, die Verbraucheraufklärung und die Datenschutzregeln. Somit steigen Ihr Aufwand an Dokumentation, Administration und Haftungsschutz. Sie müssen mehr Aufgaben bewältigen und dürfen darüber den Vertrieb nicht vernachlässigen, wenn Sie Ihren Umsatz halten wollen. Dies gelingt nur mit Strategie und gezielter Verkaufsförderung.

Wie Sie die Zukunftstrends erfolgreich meistern

Bauen Sie Ihre fachlichen, sozialen und persönlichen Kompetenzen aus, da für die Kaufentscheidung der Verkaufspreis nur noch ein Kriterium ist. Nur wenn Sie ein ganzheitliches Konzept als Partner Ihrer Kunden anbieten können, werden Sie künftig erfolgreich am Markt bestehen können. Nutzen Sie Dienst- und Serviceleistungen als zentralen Erfolgsfaktor. Setzen Sie Dienstleistungs-Marketing ein. Denn mit den klassischen Mitteln und Methoden können Sie als Dienstleister im Markt von heute nicht mehr bestehen. Der Wandel im Denken und Handeln der Zielgruppen zwingt Sie zu einer Veränderung Ihrer Marketing-Konzepte. Da nicht nur Produkte, sondern auch Dienstleistungen immer austauschbarer werden, müssen Sie ein unverwechselbares Angebot bieten. Denn nur so werden Sie sich im Urteil des Auftraggebers von Ihren Konkurrenten abheben. Einzig der persönliche Verkauf ist ein Marketing-Instrument ohne große Streuverluste.

Mehr Verkaufen durch Qualifikation

Die Kunden sind kritischer geworden. Wenn Sie mehr verkaufen wollen, müssen Sie Ihre Kompetenz belegen! Denn gut informierte Verbraucher setzen Ihre fachliche Kompetenz als Selbstverständlichkeit voraus. Damit erfüllen Sie das Sicherheitsbedürfnis Ihrer Kunden. Qualifikation fördert das Vertrauen Ihrer Kunden und verschafft Ihnen mehr Geschäfte. Zudem müssen Sie als Versicherungsvermittler laut Versicherungsvermittlerrichtlinie über „angemessene Kenntnisse und Fertigkeiten" verfügen. Die Verbände der Finanzdienstleister empfehlen zurzeit mindestens die Qualifikation zum Fachwirt für Finanzberatung (IHK). Eine weitere mögliche Qualifikation ist der Fachwirt für Versicherungen und Finanzen (IHK).

Machen Sie sich selbst zur Marke

Die Aufmerksamkeit des Kunden zu gewinnen und seine Entscheidungen positiv zu gestalten, ist die große Herausforderung für jeden Finanzvermittler. Wie spreche ich neue Kunden an? Wie schaffe ich es, sie nachhaltig zu begeistern und zu binden? Wie kann ich mich selbst zur Marke machen? Mit der Markenbildung beherrschen Sie die Königsdisziplin im Marketing! In diesem Beitrag lernen Sie, wie Sie sich selbst zur Marke entwickeln:

1. Wie Sie Ihr Image durch Kompetenz und Glaubwürdigkeit aufbauen können,
2. wie Sie Ihre Positionierung am Markt zukunftsorientiert entwickeln und
3. wie Sie Ihren Bekanntheitsgrad durch gezielten Medieneinsatz steigern können.

Markenbildung ist der Schlüssel zum Unternehmenserfolg

Erfolgreiche Marken kommunizieren ihre Botschaften klar und verständlich. Sie sind bekannt und zeichnen sich durch ein hochwertiges Image aus. Unternehmen, die in ihre Markenbildung investieren, haben auf lange Sicht gesehen, die Nase vorn.

Marketing ist harte Arbeit

Die Märkte sind gesättigt, die Kunden werden immer anspruchvoller und kritischer. Marketing kostet deshalb nicht nur viel Zeit und Mühe – es erfordert auch ein hohes Maß an Intelligenz und Marketing-Know-how. Denn modernes Marketing bedeutet weitaus mehr als Hochglanzbroschüren zu drucken oder Anzeigen zu schalten. Wer sich geschickt am Markt platzieren möchte, muss sich den Anforderungen der Zeit stellen. Dies ist vor allem für Low-Interest-Produkte wie Finanzdienstleistungen von entscheidender Bedeutung.

Die Mitte stirbt

Vom Zukunftsforscher Matthias Horx stammt die These, dass das mittlere Preissegment im 21. Jahrhundert sterben wird. Und wirklich: Gucci, Rolex und Porsche verzeichneten in den letzten 30 Jahren Rekordgewinne, ebenso wie die Discounter Lidl, Aldi und Dell. Karstadt und Edeka als Vertreter des mittleren Preissegments haben jedoch schon seit Jahren mit gravierenden Umsatzeinbußen zu kämpfen. Die Schlussfolgerung für Finanzdienstleister liegt klar auf der Hand: Sie müssen sich einen Platz in der Luxusklasse erkämpfen. In diesem Kampf geht es in erster Linie darum, die Aufmerksamkeit ihrer potenziellen Kunden zu gewinnen.

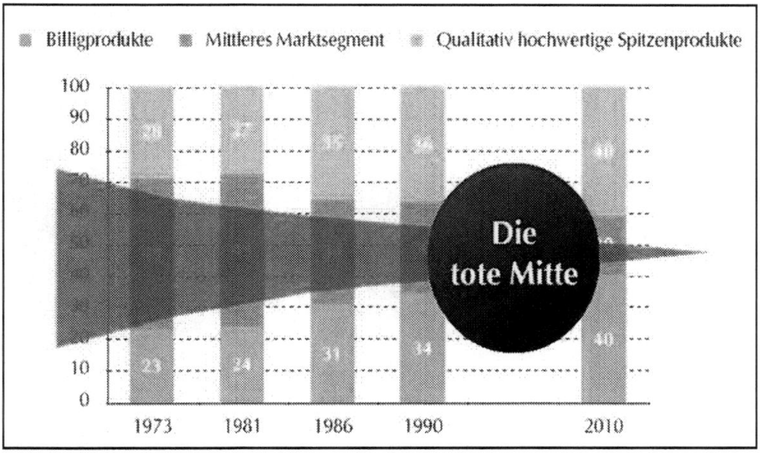

Die Mitte stirbt.

Versicherungen vernichten Emotionen

Wen wundert es, dass Produkte wie Riester oder Kfz-Policen Ihre Kunden nicht gerade in einen Sinnestaumel versetzen. Aber selbst schillernde Marken wie Allianz haben Probleme, sich gezielt am Markt zu positionieren. Die Versicherungsbranche scheint ein Opfer ihrer eigenen Vielfalt zu werden: 1987 konnte der Kunde lediglich zwischen wenigen Kfz-Policen wählen; heute sind es zigfach mehr. Die Konsequenz: Die Bindung an eine einzige Gesellschaft nimmt immer mehr ab. Und viele Gesellschaften scheitern an der Aufgabe, ihre Produktversprechen in der Dachmarke zu bündeln.

Warum Marken glänzen

In einer Zeit, in der Produkte und Dienstleistungen immer austauschbarer werden, entscheiden Positionierung, Image und Bekanntheitsgrad den Daseinskampf vieler Konzerne. Dabei kann es durchaus sechs bis acht Jahre dauern bis die Botschaft beim Käufer angekommen ist. Die Kunst der Marken – Ihr Nutzen.

Durch Markenbildung können Sie strategische Unternehmensziele erreichen wie:

- Branding: Bekanntmachen Ihres Unternehmens am Markt
- Akquise: Aufmerksamkeit schaffen für Ihre Leistungen und Absatzförderung
- Kundenbindung mit Cross-Selling und Image-Förderung
- Nachhaltiges wirksames Marketing entwickeln.

Nutzen

Die Kunst besteht darin, möglichst viele Kunden über die Faszination der Marke zum Kauf zu bewegen. Das sind die wahren „Brand-Champions". Vielen Marken fehlt jedoch diese Begeisterungskraft. Gerade Finanzdienstleister investieren ihre Marketing-Budgets häufig am Kunden vorbei. Defizite im Marken-Management und mangelnde Stringenz in der Kommunikation sind zumeist die Gründe. In großen Unternehmen treibt die Markenpolitik das Topmanagement regelrecht vor sich her. Die Chefs haben längst erkannt: Bei der Verbreitung ihrer Botschaften geht es nicht um die Dramaturgie einzelner TV-Spots, sondern schlicht um das Wohl des kompletten Unternehmens.

Coca Cola siegt: Ein Experiment aus den 80er Jahren des vergangenen Jahrhunderts zeigt, dass die Bindung an eine Marke stärker ist als die subjektive Qualitätsbewertung. Versuchspersonen verkosteten Pepsi Cola und Coca Cola zunächst blind, später unter Aufdeckung der Marke. Pepsi schnitt im Blindtest besser ab.

Coca Cola ging jedoch als Sieger hervor, sobald der Markenname sichtbar wurde. Die Marke Coca Cola ist also emotional stärker „aufgeladen". Positive Markenimages können regelrecht erlernt werden. Je öfter das Produkt zusammen mit der emotionalen Werbebotschaft auftaucht, desto stärker bleibt es im Gedächtnis hängen. Die Marke nimmt dann regelrecht einen „Logenplatz" im Hirn ein. Für Sie als Finanzdienstleister heißt dies, dass Sie sich möglichst oft als Marke präsentieren müssen, damit Sie im Kopf Ihrer Zielgruppe „hängen bleiben".

Die Psychologie der Marke

Einige Unternehmen stehen in den Augen der Konsumenten als Platzhalter für eine ganze Produktkategorie: Coca-Cola steht für Brause, McDonald's für schnelles Essen und Wrigley für Kaugummi. So robust wirken die globalen Gütesiegel, dass ihnen weder BSE-Wahn (McDonald's) noch Managementversagen (Coca-Cola) etwas anhaben können. Der Kern der Marke hat kaum gelitten. Welche Unternehmen verfügen über die wertvollsten Marken? Das Markenranking „Best Global Brands 2008" bewertet alljährlich die globalen Top-100-Marken und ihre monetären Werte. Angesichts der Finanzkrise ist der Markenwert vieler Finanzdienstleister drastisch gesunken. Was die Finanzmarken in puncto Markenidentität von den Gewinnern lernen können.

Der Wert der Marke Google stieg in 2009 am stärksten

Durch die globale Wirtschaftskrise ist der monetäre Markenwert vieler Unternehmen gesunken. Die 100 wertvollsten Marken haben rund 55 Milliarden Dollar an Wert verloren. So haben die 100 teuersten internationalen Marken im vergangenen Jahr im Schnitt 4,6 Prozent an Wert verloren. Das sind immerhin 55,5 Mrd. Dollar. Das zeigt das Ranking „Best Global Brands 2009" der US-Beratungsgesellschaft Interbrands.* Doch es gibt auch Lichtblicke: Marken wie Google, die konsequent ihren Weg gehen und auch in Krisenzeiten an Wert gewinnen.

Besonders heftig hat die Wirtschaftskrise die Marken der Finanzdienstleister getroffen. Am meisten verloren hat die Schweizer Bank UBS, deren Markenwert um die Hälfte auf nur noch 4,4 Mrd. Dollar abstürzte. Dramatische Abschreibungen infolge der Kreditkrise und der Steuerstreit mit den USA haben das Image der einst stolzen Bank ramponiert. Auch der angeschlagene Konkurrent Citi musste eine Halbierung seines Markenwertes um 49 Prozent auf 10,2 Mrd. Dollar hinnehmen. Der Markenwert von American Express verlor ein Drittel und liegt derzeit bei knapp 15 Mrd. Dollar, der Wert von Morgan Stanley sank um 26 Prozent auf 6,4 Mrd. Dollar. Es ist vor allem der Vertrauensverlust der Kunden, mit dem die Banken kämpfen. Grund genug, dass viele Finanzdienstleister an ihrer Markenpositionierung und an ihrer Kommunikation arbeiten.

---

* Mehr Infos unter www.interbrands.com

Im Jahr 2009 sind die **Top-Ten-Marken der Welt** (Handelsblatt, 18. 9. 2009):

Nr.	Marke	Markenwert (in Millionen US-Dollar)
1	Google	100 039
2	Microsoft	76 249
3	Coca Cola	67 625
4	IBM	66 622
5	Mc Donald´s	66 575
6	Apple	63 113
7	China Mobile	61 283
8	GE General Electric	59 793
9	Vodafone	53 727
10	Marlboro	49 460

Gefühle sind die wahren Kaufentscheider

Nichts ist ein so rares Gut, wie die Aufmerksamkeit Ihrer Zielgruppe. So bannt ein Plakat den Blick seines Betrachters für eine Sekunde, eine Mailing drei Sekunden und eine Website sechs Sekunden, so der Kommunikationsexperte Dieter Herbst. Sie müssen also in Ihren Botschaften schnell auf den Punkt kommen, denn das menschliche Gehirn ist täglich 80.000 Reizen ausgesetzt. Nur 1 Prozent wird bewusst wahrgenommen. Alle anderen Informationen hält der Reizfilter im Hirn zurück. Der erfolgreiche Weg in den Kopf des Kunden führt also über einen Umweg: seine Emotionen. Wer es schafft, die Gefühle der Zielgruppe anzusprechen, gewinnt auch ihre Aufmerksamkeit. Denn etwa 70 Prozent aller Entscheidungen werden nicht rational getroffen. Menschen wollen durch Sinneseindrücke berührt und verführt werden.

Mithilfe der Copy-Strategie kann der komplette Werbe-Auftritt des zu bewerbenden Produkts aufgebaut werden. Zudem dient sie als Orientierungshilfe für die kreative Umsetzung und Gestaltung der Kommunikationsbotschaft. Außerdem unterstützt sie die Erfolgskontrolle. Die Copy-, Media- und die Kreativ-Strategie bilden zusammen die komplette Kommunikationsstrategie eines Produktes oder einer Dienstleitung.

Werbestrategie

In der Copy-Strategie sind die wichtigsten Eckdaten für die Ansprache der Zielgruppe enthalten. Sie umfasst das Werbeversprechen, seine Begründung und die angestrebten Image-Veränderungen. Es geht also um gestaltungsrelevante Informationen und Vorgaben für die Gestalter von Werbebotschaften (Texter, Grafiker). Ein Beispiel für eine Copy-Strategie für einen Finanzdienstleister:

- **Positionierung:** professionelle Versicherungslösungen von Finanzexperten mit qualifizierten Mitarbeitern und langjährigen Branchenerfahrungen
- **Kommunikationsziele:** Bekanntheitsgrad und Absatz erhöhen, Nutzen-Argumentation zum Angebot, kontinuierliche Präsenz in regionalen Medien, um neue Kunden zu gewinnen
- **Nutzen:** optimale Unterstützung für Kunden durch fachliche und persönliche Kompetenz
- **Begründung:** kompetente Unterstützung durch umfassende Finanzberatung
- **Stil/Ansprache:** persönlich und freundlich sowie kompetent und emotional.

Entwickeln Sie Ihre Botschaften!

Die Kommunikationsbotschaft hat den Sinn, eine kurze, prägnante, informative und eindeutige Aussage an eine definierte Zielgruppe zu vermitteln. Dabei sollte diese in Erinnerung bleiben und den Rezipienten überzeugen Eine Kommunikationsbotschaft, die ihr Ziel erreichen soll, muss deshalb folgende Kriterien erfüllen: Einfachheit, Prägnanz, Überzeugungskraft, Konsistenz und Glaubwürdigkeit.

Mit sieben Fragen können Sie prüfen, ob Ihre Botschaften bei Ihrer Zielgruppe auch ankommen:

1. Ist die Botschaft leicht verständlich, eingängig und leicht zu erinnern?
2. Unterscheidet sich die Botschaft von der Konkurrenz und weckt Neugierde?
3. Überzeugt sie und spricht sie die richtige Zielgruppe angemessen an?
4. Passt die Botschaft zum Produkt?
5. Zeigt sie einen klaren Kundennutzen auf?
6. Ist der Kundennutzen glaubwürdig und deutlich?
7. Spricht sie Emotionen an?

Wenn Sie diese Faktoren bei Ihren Kommunikationsbotschaften erfüllen, kann Ihre Botschaft erfolgreich auf die Zielgruppe wirken. Bedenken Sie, dass die Botschaften auch im Einklang mit der Unternehmenskultur stehen sollten. Ein Beispiel: Während der Slogan „Leistung aus Leidenschaft" der Deutschen Bank 24 zwar glaubwürdig, prägnant und verständlich ist, sinkt die Werbewirkung dennoch durch PR-trächtige Medienskandale wie das Victory-Zeichen des Vorstandsvorsitzenden Ackermann. Eine glaubwürdige Marketing-Konzeption vermeidet solche Widersprüche.

Aufbau eines Marketing-Konzepts

Der Erfolg eines jeden Geschäfts hängt davon ab, was die Kunden über dessen Leistungen denken. Ausgangspunkt im Marketing-Plan ist also immer die Unternehmensperspektive aus Sicht Ihrer Kunden. Das Marketing-Konzept ist ein dynamischer Plan. Es muss in regelmäßigen Abständen aktualisiert werden, denn Kunden, Märkte und Produkte verändern sich. Anbei ein Überblick über das gesamte Marketing-Konzept:

1. Umwelt- und Mitbewerber-Analyse
2. Eigensituationsanalyse (SWOT), Zielgruppen- und Potenzialanalyse
3. Ziele, Positionierung und Strategie
4. USP und Kundennutzen
5. Mission, Vision und Unternehmensleitsätze
6. Marketing-Mix mit Zeitplan und Budget.

Positionieren Sie sich als Spezialist

Marketing ist ein Begriff, der zwar oft verwendet, selten aber von allen Beteiligten gleich verstanden wird. Häufig wird Marketing mit Werbung gleichgesetzt. Dabei ist Werbung nur ein Teil aller Marketing-Instrumente. Im Fachbegriff „Marketing" steckt das englische Wort „Market". Folglich bezeichnet „Marketing" jedes unternehmerische Handeln, das sich am Markt orientiert. Dabei zielt dieses Handeln heute, in einer Zeit eher gesättigter Märkte, auf die „Vermarktung", also den erfolgreichen Absatz von Produkten oder Dienstleistungen. Zu einem klassischen Marketing-Mix zählen vier Faktoren: Ihr Produkt bzw. Ihre Dienstleistung, Ihre Preise, Ihr Vertrieb, Ihre Informationen! Nur wenn alle Einheiten im Marketing-Mix sinnvoll und ausgewogen geplant werden, kann Ihr Unternehmen auf dem Markt bestehen.

Welche Zielsetzung hat Marketing für Finanzdienstleister?

Ihr „Marketing-Konzept" positioniert Ihr Unternehmen, also die Identität Ihres Unternehmens an den Markt. Jedes Element im Marketing-Mix soll Ihnen dabei einen Vorsprung vor der Konkurrenz verschaffen. Insbesondere Ihre Persönlichkeit zählt dabei: Ihre Kompetenzen, Ihre Qualifikationen und Ihre Erfahrungen.

Welche Basis braucht Ihr Marketing?

Vereinfacht ausgedrückt: Die Marketing-Strategie eines Unternehmens deckt sich in weiten Teilen mit dem Unternehmenskonzept. Umgekehrt gilt: Wer ein ausgereiftes Business-Konzept für sein Unternehmen erarbeitet, hält gleichzeitig die wesentlichen Faktoren seines Marketing-Konzepts in Händen.

1. **Kenntnisse des Marktes**

   Sie sind für Unternehmen überlebenswichtig. Für Finanzdienstleister trifft das umso mehr zu, da der Finanzmarkt sehr schnelllebig ist. Marketing bietet Ihnen ein umfangreiches Instrumentarium, um die Impulse des Marktes aufzunehmen, zu registrieren und zu analysieren (Marktforschung, Brancheninformationen). Fragen: Was brauchen Ihre Kunden? Wo sind Marktnischen? Hat ein Mitwettbewerber schon ein ähnliches Angebot auf dem Markt positioniert? Wie wird sich der Markt in Zukunft entwickeln?

2. **Kunde und Produkt**

   Das Marketing, das auf Informationen über den Kunden aufbaut, wird zum entscheidenden Erfolgsfaktor für ein Unternehmen. Welches Produkt wollen Ihre Kunden? Oder umgekehrt: Welche Kunden kommen für Ihr Produkt in Frage? Wie erreichen Sie Ihre Kunden? Eine Marketing-Strategie muss sich an der definierten Kunden-Zielgruppe orientieren. Zielkunden und Marketing-Strategie müssen immer wieder kontrolliert werden. Bei eventuellen Abweichungen sind Kurskorrekturen notwendig. Wichtig sind also permanente Informationen über Kundenbedürfnisse sowie das rechtzeitige Erkennen von Trendwenden.

3. **Sortiment- und Preisgestaltung**

   Zentrale Elemente einer Marketing-Strategie sind Produkt- und Preisgestaltung. Beide sind eng mit einander verflochten. Sie müssen sich entscheiden, ob Sie eine ausgewählte und begrenzte oder eine breitere Produktauswahl anbieten. Es ist außerdem denkbar, dass Ihre Kunden bereit sind, bei bestimmten zusätzlichen Dienstleistungen einen höheren Preis zu zahlen. In diesem Zusammenhang sollten Sie sich über Ihre Kundenstruktur im Klaren sein: Hat Ihr Unternehmen vorwiegend Geschäfts- oder Privatkunden? Wie sind Altersstruktur, Einkommen und soziale Stellung Ihrer Kundschaft?

4. **Firmenimage und Kommunikation**

   Ebenfalls zur Profilierung trägt die Entwicklung Ihres Firmenimages bei. Neben der Verwendung eines Firmenlogos kann dem Unternehmen durch gezielte Aktionen und Informationen ein bestimmtes Ansehen gegeben werden. Damit kann es sich deutlich von den Mitbewerbern abheben und so Marktvorteile sichern. Bestimmte Werbemaßnahmen, die auf die Zielgruppe zugeschnitten sein müssen, unterstützen die Steigerung des Bekanntheitsgrades. Mit welchen Maßnahmen wollen Sie Ihre Kunden regelmäßig auf dem Laufenden über Ihre Angebote halten, z.B. Newsletter, Kundenmagazin oder Website? Wollen Sie ausgewählte Kunden mit exklusiven Angeboten wie Events ansprechen? Wie treffen Sie Ihre Kundenauswahl und wie gestalten Sie das Event, damit es nachhaltig in Erinnerung bleibt? Wie generieren Sie Ihre Nachfassaktionen, damit sich die Aktion auch für den Vertrieb rechnet? Mit welchen Schlagzeilen wollen Sie in welchen Medien von sich reden machen?

Stellen Sie Ihre Kompetenzen heraus

Im Dienstleistungsbereicht dominiert die Macht des Käufers. Wichtig ist der Ausbau Ihrer fachlichen und sozialen Kompetenz, da für die Kaufentscheidung der Verkaufspreis nur noch ein Kriterium von vielen ist. Die Beziehung, der Vertrauensaufbau und der Servicegrad sind weitere Kaufentscheidungskriterien. Nur wenn Sie als Partner Ihren Kunden ein ganzheitliches Konzept anbieten können, werden Sie künftig erfolgreich am Markt bestehen können.

Mit den althergebrachten Mitteln und Methoden können Sie als Finanzdienstleister am Markt heute nicht mehr erfolgreich bestehen. Der Wandel im Denken und Handeln der Zielgruppen zwingt Sie zu einer Veränderung Ihrer Marketing-Konzepte. Nicht nur Produkte, sondern auch Dienstleistungen werden immer leichter austauschbar. Deshalb müssen Sie ein unverwechselbares Angebot bieten. Nur so werden Sie sich im Urteil des Auftraggebers von Ihren Konkurrenten abheben. Um dies zu erreichen, müssen Sie Ihre Kompetenz ausweiten! Bestens informierte Kunden setzen Ihre fachliche Kompetenz als Selbstverständlichkeit voraus. Als erfolgreicher Dienstleister erfüllen Sie das Sicherheitsbedürfnis Ihrer Zielgruppe. Identifizieren Sie sich mit Ihren Kunden und arbeiten Sie mit ihnen partnerschaftlich zusammen. Zusätzlich müssen Sie das Beschwerdemanagement beherrschen sowie Mehrwert und Zusatznutzen für Ihre Kunden bieten, um auch zukünftig Ihre Kundenbeziehungen erfolgreich zu managen und zu erhalten.

Die „Katze im Sack" braucht Emotionen

Bei Dienstleistungen wie Finanzberatung gibt es ein Problem: der Kunde kann diese im Vorfeld weder begutachten noch bewerten. Er ist gezwungen, die „Katze im Sack" zu kaufen. Wenn Sie es also schaffen, in den Köpfen Ihrer Kunden positive Emotionen zu wecken, erhöht das Ihre Chance auf einen erfolgreichen Abschluss immens. Denn dies nimmt dem Kunden die Angst, sein Geld falsch zu investieren. Geben Sie also Ihren Kunden eine Kaufsicherheit, indem Sie Kompetenz zeigen und Vertrauen aufbauen.

Was hat sich geändert im Dienstleistungs-Marketing?

Die Kundenbedürfnisse bewirken einen Strukturwandel im Marketing für Dienstleister. Dieser Wandel ist Folge der:

1. Marktsättigung: Produkte und Leistungen gleichen sich einander immer mehr an. Eine Differenzierung über den Preis ist kaum noch möglich. Zur Profilierung haben sich Service und Erlebnis als geeignete Mittel herausgebildet.
2. Informationsüberflutung: Immer mehr Medien verbreiten immer mehr Informationen. Zum Selbstschutz haben die Verbraucher einen Auswahlmechanismus entwickelt. „Normale" Werbung dringt kaum noch zu ihnen durch.
3. Individualisierung: Nur der persönliche Verkauf ist ein Marketing-Instrument ohne große Streuverluste.

4. Freizeit: Mehr Freizeit macht erlebnishungrig. Die Grenzen der eigenen Möglichkeiten zur Beschäftigung und Unterhaltung werden vom Kunden immer weiter gesteckt und immer schneller erreicht.
5. Gestiegenes Selbstbewusstsein: Insbesondere die weiblichen Zielkunden sind in den letzten Jahren immer selbstbewusster geworden.

Kunden stellen Kriterien wie: Service, Mehrwert und Zusatzangebote eindeutig vor den Preis. Die Identifikation mit den Kundenzielen wird immer wichtiger. Wie Sie Ihren Marketing-Mix als Finanzdienstleister optimal gestalten

Die Hauptaufgabe der Marketing-Planung besteht darin, die Marketing-Instrumente der Strategie entsprechend zu koordinieren. Das klassische Marketing unterscheidet vier P-Bereiche:

1. Produkt (Product)

Wie müssen die Produkte beschaffen sein, um den Bedürfnissen der Kunden gerecht zu werden?

2. Preis (Price)

Wie muss der Preis des Produkts / der Leistungen bestimmt sein, damit er vom Kunden akzeptiert wird?

3. Vertrieb (Place)

Über welche Absatzkanäle kommt das Produkt möglichst einfach, schnell und kostengünstig zum Kunden?

4. Werbung (Promotion)

Wie kann das Unternehmen die Kunden auf das Produkt aufmerksam machen und zum Kauf verführen? Werbung, persönlicher Verkauf und Verkaufsförderung zählen dazu.

Der erweiterte Dienstleistungsmix

Um den genannten Besonderheiten der Dienstleistung im Gegensatz zur Sachleistung gerecht zu werden, bedarf es einer Erweiterung des klassischen Marketing-Mix. Die Anwendung der vier P's reicht nicht mehr aus, um die Besonderheiten einer Dienstleistung zu vermarkten. Für den Marketing-Verantwortlichen ist es somit unerlässlich, diese Besonderheiten zu beachten, um eine Dienstleistung erfolgreich zu vermarkten. In einem Marketing-Konzept für Dienstleister sind also zunächst die vier klassischen P's (Product, Price, Promotion, Placement) in einen taktischen Plan eingebunden, bei dem wie in einem Puzzle alles ineinanderpasst. Ergänzend zu diesem 4-P-Marketing-Mix existiert ein auf die spezifischen Charakteristika der Dienstleistung ausgerichteter und erweiterter 8-P-Marketing-Mix.

Branding für Dienstleistungen

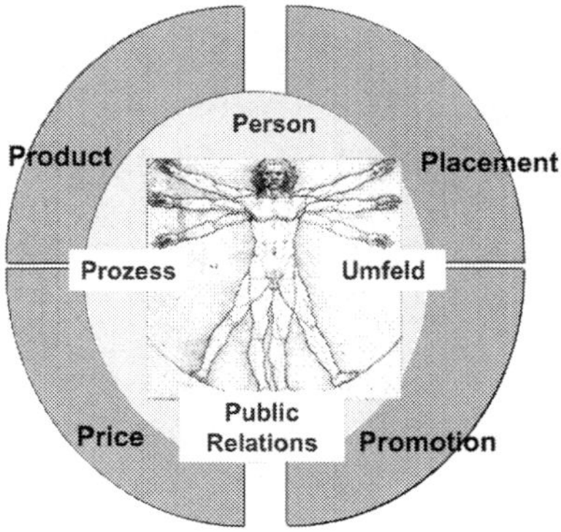

Marketing-Mix für DL hat acht P's!

Ihre Marketing-Strategie für mehr Geschäftserfolg

Ergänzt werden diese vier P's im Dienstleistungs-Marketing also um vier weitere P's:

5. Personal (Personnel)

Dazu zählen Qualifizierungsbedürfnisse für Personal. Ihr Kunde erwartet qualifizierte Beratung von ausgebildeten Finanzexperten. Als stellen Sie Ihr Licht nicht unter den Scheffel. Hängen Sie Ihr Ausbildungsdiplom an die Wand, weisen Sie Ihren Kunden im Verkaufsgespräch darauf hin und erläutern Sie kurz Ihre Qualifikation.

6. Prozesse (Process Management)

Wie gestalten Sie Ihre Finanzberatung? Gehen Sie systematisch von der Ist- zur Soll-Situation? Ist Ihre Beratung verständlich und logisch dokumentiert? Wie Sie sehen, gehört zum Kauf einer Dienstleistung mehr Raffinesse, als zum Kauf eines Produktes!

7. Ausstattungspolitik (Physical Facilities)

Welche physikalische Ausstattung haben Sie. Kriterien sind z. B. Standort und Art des Gebäudes, Kundenlounge, Rezeption. Auch bei Ihnen als Vermittler muss Ihr Umfeld stimmen. Ideal wäre z. B. ein modernes, helles und sauberes Büro im Zentrum.

8. Public Relations

Als heimliches „achtes P" wird mittlerweile Public Relations gehandelt. Auch Event-Marketing, das im Marketing-Mix der Unternehmen eine führende Rolle einnimmt, wird in Zukunft noch weiter an Bedeutung gewinnen.

Jedes dieser Marketing-Elemente enthält eine Fülle von Möglichkeiten. Die „Kunst" ist, diese Elemente in der richtigen Kombination, Intensität und zum richtigen Zeitpunkt einzusetzen. Denn durch eine gelungene Kombination ergeben sich Synergie-Effekte, so dass ein definiertes Ziel effizient und erfolgreich erreicht wird, so z. B: Messepräsenz, Newsletter, Pressegespräche, Pressemitteilungen, Fachbeiträge, Website.

Die Schwierigkeiten im gelungenen Marketing-Mix liegen in der Vielfalt der Möglichkeiten und vor allem in den Abhängigkeiten untereinander. Verschiedene Maßnahmen können sich ergänzen, behindern oder gar ausschließen. Allein die geschickte Kombination der acht marketingpolitischen Instrumente ist zielführend. So kann man z. B. Wert auf spezielle Sub-Mixes legen und einen Schwerpunkt in der Kommunikationspolitik setzen, im Bereich PR, Event und Werbung. Um solche Lösungen schon im Vorfeld berücksichtigen zu können, ist eine langfristige Marketing-Strategie und damit ein systematisches Vorgehen notwendig. Die laufende Marketing-Kontrolle dient zur Optimierung. Somit kann man flexibel und schnell auf neue Bedingungen reagieren und auf Überwachung des eingesetzten Budgets achten.

Merke: Dienstleistungs-Marketing ist durch Besonderheiten gekennzeichnet. Oft führen schon einfache Methoden zum Erfolg. Am Anfang steht die Beobachtung der Kunden wie auch der Konkurrenz. Immer wieder müssen Sie sich fragen, welche Leistungen und vor allem welche profilierten Zusatzleistungen Ihr Kunde wünscht. Das Motto lautet: „Nicht mit jedem Mitbewerber konkurrieren, sondern das Besondere für ausgewählte Kunden anbieten."

Entwickeln Sie Ihre zielgerichtete Marketing-Strategie

In diesem Kapitel gewinnen Sie einen Überblick über die strategische Marketing-Planung. Sie lernen eine Strategiemethode an einem Beispiel kennen. Zudem erhalten Sie die Grundlagen, um Ihr eigenes Marketing-Konzept zu entwickeln. Konzeptionell heißt: „Lebensfähig, mit Hand und Fuß." Strategische Marketing-Planung in Maklerkreisen hat jedoch nach wie vor Seltenheitswert. Im Vorgehen vieler Vermittler zeichnen sich zwei Extreme ab: kein Marketing und wilder Aktionismus. Da wird mal eine Anzeige geschaltet, mal ein Mailing verschickt und mal ein Event organisiert. Diesen sporadischen Einzelaktionen mangelt es aber an inhaltlicher Substanz und an strategischen Überlegungen. Die im Marketing so wichtigen Fragen bezüglich des „Wann" und „Wie" und der Häufigkeit der Aktionen werden sträflich vernachlässigt. Die Ergebnisse sind nicht effizient. Synergien werden nicht genutzt. Die Ressourcen werden nicht zielgerichtet eingesetzt.

Was in der Marketing-Konzeption wichtig ist und was es Ihnen für Ihre Praxis bringt

Unter einer strategischen Marketing-Planung werden alle Prozesse zusammengefasst, die für das Unternehmen rentable Veränderungen mit sich bringen, damit mittel- und langfristig die Unternehmensexistenz gesichert wird. Marketing-Strategien beschreiben also den Weg von dem bestehenden Ist-Zustand zu den Zielen des Unternehmens. Die Marketing-Strategie dient als Führungs- und Controlling-Instrument.

Intelligentes Instrument zur Unternehmungssteuerung

Die strategische Planung ist grundsätzlich langfristig orientiert. Sie beurteilt das Potenzial eines Unternehmens und verbindet die Ziele mit den benötigten Ressourcen. Im Rahmen einer Strategie geht es nicht in erster Linie um Gewinn, sondern um Gewinnpotenziale. Ziel der strategischen Planung ist es daher, heute das Unternehmen auf die Zukunft vorzubereiten. Ihre Marketing-Strategie dient zur Vertriebsunterstützung. Denn mit einer ausgearbeiteten Marketing-Strategie fällt es Ihnen leichter, Ihr Angebot zu präsentieren und mehr zu verkaufen. Zum einen stehen alle wichtigen Argumente für den Kunden bereit, weil in der Marketing-Strategie von den Bedürfnissen des Kunden ausgegangen wird. Zum anderen sind sämtliche Einzelmaßnahmen aufeinander abgestimmt, so dass alle Maßnahmen effizient auf ein Ziel ausgerichtet sind, z. B. Neukunden-Akquise.

Im Marketing-Konzept wird die Strategie mit den Zielen verknüpft, um die Kräfte des Unternehmens effizient zu bündeln. Generell orientiert sich die Marketing-Strategie an der Zielgruppe. Je genauer die Analyse der Zielgruppe durchgeführt wird, desto besser sind die Grundlagen für den weiteren Planungsprozess. Denn ein Unternehmen benötigt permanent Informationen über neue Kundenbedürfnisse, um Trendwenden im Markt rechtzeitig zu erkennen. Durch die Konkurrenzbeobachtung kann man enorm profitieren, denn Konkurrenzvergleiche dienen der Verbesserung der eigenen Positionierung. Zudem sind die Rahmenbedingungen am Markt wichtig, denn rechtliche Regeln können die Neukunden-Akquise einschränken, beispielsweise bei der Telefon-Akquise dürfen Sie nicht einfach Endkunden anrufen. Sie müssen sich ebenso auskennen mit Permission-Marketing, wenn Sie Kunden per Mail kontaktieren wollen. Diese Feinheiten können ansonsten gehörig ins Geld gehen! Auch die technologischen Rahmenbedingungen sind wichtig: Wenn Sie Ihre Website in Flash programmieren, Ihre Zielgruppe aber über kein Flash verfügt, wird Ihre Firmendarstellung nicht ankommen. Für diese Themen gibt es Marketing-Profis, die sich mit diesen Rahmenbedingungen auskennen. Sie sorgen dafür, dass Ihr Marketing-Konzept kein Flop wird (s. Abb.).

Legen Sie Ihre Ziele fest, um Ihren Erfolg zu messen

Generell gelten drei grundlegende Fragen zur strategischen Marketing-Planung:

1. **Ist- und Soll-Status**
   Wo steht Ihr Unternehmen heute und wohin wollen Sie Ihr Unternehmen führen?
   Die Zielformulierung ist die Basis Ihres Marketing-Konzepts.
   ■ Das sind Ihre Unternehmensziele
2. **Wie kommt Ihr Unternehmen zum anvisierten Ziel?**
   Das Besondere an Ihrem Unternehmen, also der USP (Ihr einzigartiger, der Konkurrenz überlegener Wettbewerbsvorteil) muss entwikkelt werden. Dabei gilt, dass die Marketing-Strategie das Ziel unter möglichst geringem Ressourcen-Einsatz erreichen soll.
   ■ Das ist Ihre Marketing-Strategie.
3. **Welche Maßnahmen brauchen Sie für Ihre Marketing-Strategie?**
   Zeitplan, Meilensteine und Budget müssen definiert werden.
   ■ Dies ist der Marketing-Mix Ihres Unternehmens

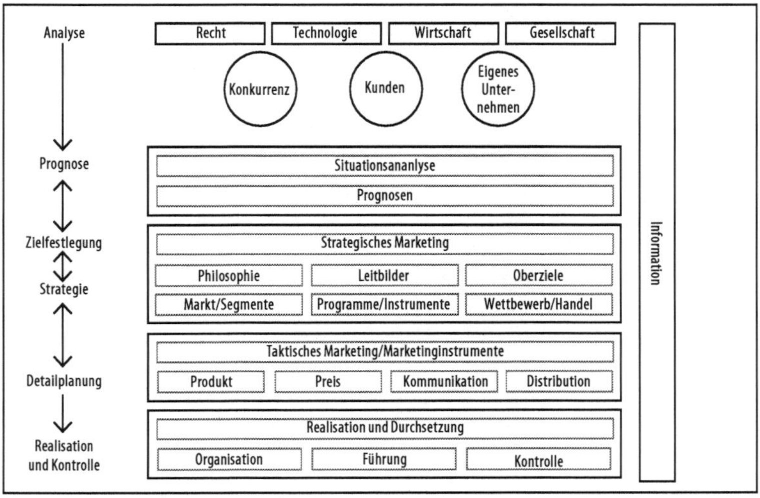

Ihre Marketing-Strategie für mehr Geschäftserfolg

Konzentrieren Sie sich auf das Wesentliche

In der Praxis zeigt sich, dass es sinnvoll ist, sich auf ein großes Ziel im Marketing-Konzept zu konzentrieren. Das wichtigste Ziel muss in messbaren Größen, realistisch erreichbar und klar verständlich formuliert sein. Ein Beispiel: Wenn Ihr Hauptziel die Absatzförderung ist, kann Ihre Zieldefinition sein, den Absatz innerhalb eines Jahres um 10 Prozent zu erhöhen. Mit dieser Zielvorgabe können Sie einen konkreten Plan entwickeln, wie Sie die strategischen Marketing-Maßnahmen gezielt einsetzen, um Verkaufspotenziale zu entdecken, Neukunden zu finden und Ihre Kundenbeziehungen durch Cross-Selling zu fördern.

Ihre Mission ist ein richtungsweisender „Kompass"

Spitzenunternehmen kommunizieren ihre „Mission", ihren konkreten Unternehmenszweck, um den Kunden ihre Leistungen näher zu bringen. Jeder kennt die klassische Auslobung der Allianz-Mission: „Hoffentlich Allianz versichert", mit der ein Gefühl von Sicherheit vermittelt werden soll. Die Mission muss eine magnetische Ausstrahlung haben und sich emotional einprägen. Die Geschäftsgrundsätze lassen sich von der Mission ableiten.

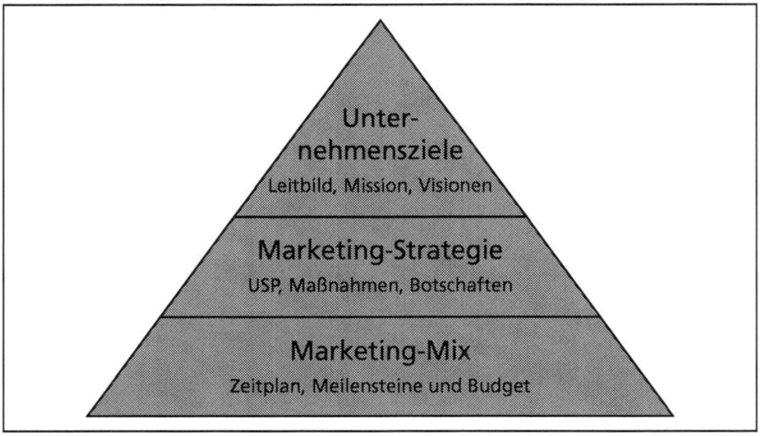

Konzeptionspyramide der strategischen Marketing-Planung

Ein Beispiel: Das fiktive Versicherungsbüro Herbert Müller

1. **Mission:**
   Kompetenz, Schutz und Sicherheit unter einem Dach.
2. **Geschäftsgrundsatz:**
   Wir stellen unsere Kunden in den Mittelpunkt unserer Arbeit.
3. **Leistung:**
   Wir schaffen Lösungen und erbringen Dienstleistungen im Risikomanagement, die unsere Kunden erfolgreich absichern.
4. **Ziel:**
   Wir wollen in diesem Geschäftsbereich als die Besten und Innovativsten gelten.

Zentrale Leitlinien sind wie folgt definiert:

1. Wir erfüllen die Kundenanforderungen durch kompetente Beratung, bedarfsgerechte Produkte und zielgerichtetes Handeln.
2. Wir verbessern ständig die Qualität in all unseren Tätigkeitsfeldern und bilden uns kontinuierlich weiter.
3. Wir übertreffen die Kundenerwartungen und entwickeln für neue Anforderungen neue bedarfsgerechte Deckungskonzepte.

Stärken Sie Ihre Stärken

Der USP ist in der Marketing-Strategie der schwierigste Punkt. Wer kein Alleinstellungsmerkmal hat – in der Fachsprache auch USP (Unique selling proposition = einzigartiges Verkaufsargument) genannt –, geht in der Vielfalt der Vermittler unter. Zwar wäre jeder gerne der billigste, schnellste und qualitativ beste Anbieter, doch wirft dies selten den nötigen Gewinn ab. Das ist der Grund, weshalb die im Vergleich zur Konkurrenz entwickelte USP in ein Konzept eingebunden werden muss, worin „eines zum anderen" passt. Eine hohe Qualität muss z. B.

- zu einem tragenden Preis
- mittels hochwertiger Kommunikation und
- über die geeigneten Vertriebskanäle verkauft werden.

Um sich Klarheit darüber zu verschaffen, welche Vorteile Ihr Kunde hat, helfen folgende Fragen:

1. Welchen Nutzen haben Ihre Kunden von Ihrem Angebot? (z. B. Produkt, Service, Preis)
2. Was ist das Besondere an Ihrem Angebot? Was unterscheidet Ihr Angebot von dem der Konkurrenz? (USP)
3. Was wollen Ihre Kunden? (Wer sind Ihre Kunden, wie alt sind sie, wie viel Geld verdienen sie, haben Sie Stammkunden, welche Kunden kommen für Ihr Angebot in Frage?)
4. Was bietet die Konkurrenz? (Wer und wo sind die Hauptkonkurrenten, welche Produkte bieten sie an, welche Besonderheiten bietet die Konkurrenz an, wie vertreibt sie ihre Produkte?)

Ihre Marketing-Strategie für mehr Geschäftserfolg

Es gibt verschiedene Möglichkeiten, wie man eine Strategie entwickeln kann. Eine Basis dafür bildet die SWOT-Analyse, mit der Sie Erkenntnisse aus der „Adler-Perspektive" gewinnen können. Die SWOT-Analyse fasst die interne und externe Analyse zusammen. Ziel ist, alle Einzelaspekte im Unternehmensumfeld zusammenhängend zu analysieren und entsprechend den Unternehmenszielen kritisch zu reflektieren. Eine SWOT-Analyse beleuchtet Stärken (Strength), Schwächen (Weakness), Chancen (Opportunity) und Risiken (Threat). Daher der Name SWOT. (s. Tabelle). Die SWOT-Analyse ist eines der gebräuchlichsten Strategiemodelle für Unternehmen oder Produkte. Von dieser Analyse leiten Sie Ihre Strategie für die weitere Unternehmens- oder Produktentwicklung an.

Strength (Stärken)	**Weakness (Schwächen)**
Interne Erfolge: ■ Was zeichnet Sie aus? ■ Wo liegen Ihre Stärken?	*Interne Schwachpunkte:* ■ Was verursacht Probleme? Was ist nicht optimal?
Opportunities (Chancen)	**Threats (Risiken/Gefahren)**
Externe Faktoren: ■ Welche positiven Trends und Möglichkeiten gibt es?	*Externe Probleme:* ■ Welche Risiken gibt es? Was kann schief gehen?

Ein Praxis-Beispiel dazu: die SWOT-Analyse für den fiktiven Vermittler Herbert Müller (ein 45-jähriger Einzelkämpfer mit langjährigen Erfahrungen und fundierter Ausbildung)

Stärken	**Schwächen**
■ Wohlfühlen: Kunden fühlen sich wohl mit ihm ■ Typ Generalist: Ganzheitliche Finanzberatung ■ Gute Cross-Selling-Rate: Fünf Verträge pro Kunde. Experte: Kompetenz und Qualifikation ■ Versicherungskaufmann, Betriebswirt ■ Kompetenz: 20 Jahre Berufserfahrungen, offen für neue Ideen, ■ Vertrauen durch Mission und Vision	■ Organisationsprobleme: „Verzetteln" ■ Mangelnder Bekanntheitsgrad am Markt ■ Hohes Schlüsselpersonenrisiko: Ein-Mann-Versicherungsagentur ohne Personal ■ Wenig Selbstdarstellung: mangelndes Selbstbewusstsein, eher Agieren im Hintergrund ■ Positionierung ist schwach und unklares Profil ■ Expertenstatus nicht von außen erkennbar ■ Fehlendes Marketing-Know-how

Chancen	**Risiko**
■ Aktuelle Kundenprobleme lösen: Weniger staatliche Leistungen, deshalb mehr private Vorsorge ■ Die richtigen Kunden finden und binden ■ Effizientes Akquise-Konzept mit festen Strukturen erstellen ■ Unterstützung für Büro und Organisation finden ■ Unbegrenzte Verdienstmöglichkeiten ausschöpfen ■ Positionierung und Image verbessern ■ Profil schärfen zur optimalen Wahrnehmung ■ Mehr Selbstbewusstsein und mehr Selbstdarstellung durch Expertenstatus ■ Regionalen Bekanntheitsgrad steigern durch Marketing-Kommunikation ■ Flexible Reaktion auf Marktveränderungen	■ Storno, Kunden- und Umsatzverlust durch Altersarmut und sozialen Abstieg ■ Misstrauen durch falsche Berater ■ Haftungsproblem: schlechte Liquidität ■ Verzettelung: fehlende Prioritäten ■ Schlechte Unterstützung verursacht Fehler ■ Akquise-Frust durch zuviel „trial and error" ■ Personelle Überlastung und begrenzte Ressourcen: Krankheit, Burn-out, Unfall etc. ■ Administration: fehlende Kostentransparenz: Provision, Verwaltung, Management ■ Wachstums-/Eigenkapitalschwäche

Taktische Empfehlungen für Herbert Müller, die aus der SWOT-Analyse resultieren.

1. Wissen über Zusammenhänge zwischen Marketing, Kommunikation und Vertrieb aneignen.
2. Mehr Selbstbewusstsein und Sicherheit für unternehmerische Investitionen erlangen.
3. Zielgerichtete Strategie für das Marketing mit Roadmap entwickeln.
4. Organisationsunterstützung durch z. B. Ablage- und Scandienste.
5. Hochwertige Positionierung durch einheitliche Botschaften erzielen.
6. Markenaufbau durch einheitlichen professionellen Auftritt (Corporate Identity) bewirken.
7. Visitenkarte, Flyer und Broschüre entwickeln, um unverwechselbar zu sein.
8. Marketing-Budget zur Verfügung stellen, um Wachstum zu ermöglichen.
9. Den kompletten Marketing-Mix nutzen, denn mehr Kanäle bringen mehr Erfolg.
10. Online-Vertrieb nutzen: verkaufen über Website und Webmeetings.
11. Lokale Pressearbeit organisieren.
12. Adressen-Einkauf, Mailings zu speziellen Angeboten und Nachtelefonieren.
13. Expertenstatus schaffen: Stärken und Persönlichkeit herausstellen auf Website.
14. Kompetenzen und Erfahrungen sowie Referenzen vermitteln.
15. Rich-Media-Elemente für die Website: Webvideo und Podcast.
16. Newsletter anbieten und verschicken.
17. Zeitplan für Marketing machen, um keine Ressourcen zu verschwenden.

Zusammenfassung: Strategie-Entwicklung

Ihr begrenztes Marketing-Budget muss sorgsam geplant werden, damit Sie keine Ressourcen verschwenden.

- Ohne Marketing hat Ihr Vertrieb keine Angebote für Ihre Kunden.
- Ohne Vertrieb erwirtschaftet Ihr Unternehmen keinen Gewinn.
- Ohne Gewinn hat Ihr Unternehmen kein Geld für Investitionen.
- Ohne Investitionen ins Marketing hat Ihr Unternehmen kein Wachstum.

Deshalb: Nicht nur im Unternehmen arbeiten, sondern am Unternehmen arbeiten!

Marketing-Ziele

Sie können Ihre Marketing-Ziele ganz unterschiedlich festlegen. Achten Sie darauf, dass Sie diese Ziele so formulieren, dass Sie später auch kontrollieren können, ob Sie diese erreicht haben. Vor allem für größere Unternehmen ist wichtig: Ihre Marketing-Ziele müssen mit den Visionen oder Oberzielen Ihres Unternehmens im Einklang stehen.

Was sind Ihre Ziele? Kreuzen Sie Ihre Ziele an: Ich will ...

■ den Bekanntheitsgrad unseres Unternehmens lokal erhöhen	
■ mir ein Image als moderner Finanzberater verschaffen	
■ die Zufriedenheit und Bindung unserer Kunden erhöhen	
■ unseren Absatz, Umsatz, Gewinn um 20 Prozent steigern	
■ Werbekosten um den Faktor XY reduzieren	

Um Ihre Marketing-Strategie zu entwickeln, müssen Sie sich eine entscheidende Frage beantworten: Wie ist der Ist-Zustand Ihres Unternehmens? Wie ist der Soll-Zustand? Warum ist der Ist-Zustand nicht so wie der Soll-Zustand? Wie kommen Sie vom Ist- zum Soll-Zustand? Welches sind die Haupthürden, um Ihre Marketing-Ziele zu erreichen. Wenn Sie diese Haupthürden erkannt haben, müssen Sie daran arbeiten, diese zu beseitigen. Diese konkrete Aufgabe wird zum Dreh- und Angelpunkt Ihrer Marketing-Strategie. Seien Sie dabei ehrlich, es geht um Ihre Zukunft.

Formulieren Sie Ihre Marketing-Ziele smart

Ziele sollten konkret und erreichbar sein. Wenn Sie Projektziele und Maßnahmen „SMART" formulieren, können Sie Stress vermeiden und den Erfolg sichtbar machen. SMART bedeutet:

S	Spezifisch:	Unmissverständlich benennen worum es geht.
M	Messbar:	Ziele so formulieren, dass später genau erkennbar ist, ob sie erreicht worden sind.
A	Attraktiv:	Negative Zielformulierungen vermeiden – Ziele positiv beschreiben. Nicht „besser arbeiten" sondern „neue Kräfte freisetzen".
R	Realistisch:	Zielerreichbarkeit sicherstellen – unerreichte Ziele demotivieren.
T	Terminiert:	Endtermin und Kontrolltermine festlegen.

Dazu ein Beispiel für smarte Zielformulierungen vom Versicherungsmakler Herbert Müller:

- **Im ersten Jahr:** Positionierung aufbauen, mehr Kunden gewinnen, Bekanntheitsgrad aufbauen, Organisation verbessern, Umsatzziel 100.000 Euro, professioneller werden.
- **In den nächsten fünf Jahren:** 200 Kunden und 200.000 Euro Bestand, 30.000 Euro netto Honorar-Einnahmen durch Finanzplanung gewinnen.
- **In den nächsten zwanzig Jahren:** Finanzielle Unabhängigkeit erzielen. Das heißt: vom Bestands- und nicht vom Neugeschäft zu leben sowie regelmäßig feste Einnahmen z.B. laufende Honorare zu erzielen.

Diese zehn Fragen sollten Sie sich zunächst stellen:

1. Was will ich langfristig (in fünf bis zehn Jahren) erreichen und wie wird sich langfristig der Markt entwickeln? (strategische Planung)
2. Wo liegen meine besonderen (persönlichen und unternehmerischen) Stärken und Schwächen, Chancen und Risiken? (Situationsanalyse)
3. Was sind meine Erfolgsfaktoren? (strategische Schlüsselfaktoren und Geschäftsfelder)
4. Wie setze ich meine strategischen Zielsetzungen in operationale Ziele und Maßnahmen um? (operative Planung)
5. Wie kann ich den Ablauf der einzelnen Maßnahmen zeitlich und finanziell optimal planen und kontrollieren?
6. Welchen „Raum" gebe ich dem Marketing? Marketing-Organisation; Zeitmanagement; Finanzierung.
7. Wie bekomme ich laufend Informationen über die Konkurrenz, die potenziellen Kunden und über die Gesellschaften?
8. Welche Werkzeuge muss ich einsetzen, damit sich mein Produkt am Markt erfolgreich entwickelt?
9. Wie informiere ich den Markt bzw. potenzielle Kunden über meine Produkte und mein Unternehmen?
10. Wie vertreibe ich meine Produkte, sodass ich mit minimalem Einsatz maximale Ergebnisse erziele?

Unser Tipp: Setzen Sie sich immer Endtermine für die einzelnen Etappen. Nutzen Sie bei der Erarbeitung die angebotenen Checklisten und haken Sie erledigte Schritte (aber nur die!) ab. Seien Sie dabei in Ihrem eigenen Interesse konsequent, denn so behalten Sie stets den Überblick!

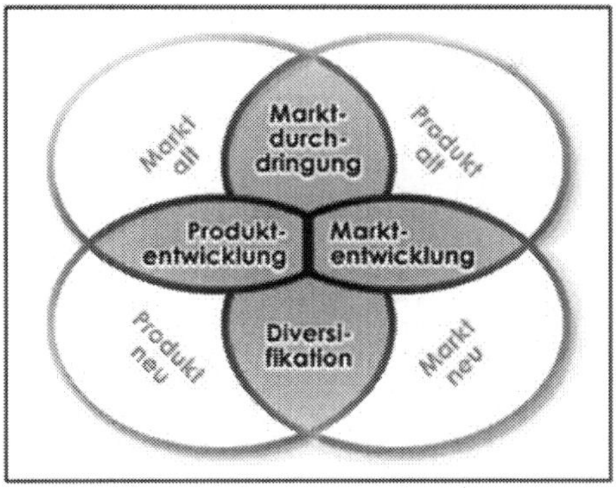

Marktfeld-Strategie

Marktfeld-Strategien

Es gibt grundsätzlich vier unterschiedliche Strategien für Ihr Marketing:

1. Marktdurchdringung: mehr Erfolg Ihrer derzeitigen Produkte bzw. Dienstleistungen auf den gegenwärtigen Märkten
2. Marktentwicklung: Erschließen neuer Märkte für Ihre derzeitigen Produkte bzw. Dienstleistungen
3. Produkt- bzw. Dienstleistungsentwicklung: neue Angebote auf den gegenwärtigen Märkten
4. Diversifikation: Ausbrechen aus angestammten Betätigungsfeldern, Entwicklung neuer Produkte bzw. Dienstleistungen für neue Märkte

Jede Strategie-Ausrichtung hat Konsequenzen für das Marketing. In der Markdurchdringung beispielsweise muss die Marketing-Kommunikation im bestehenden Marktfeld erhöht werden.

Strategie-Ausrichtung

Generell kann sich die Positionierung Ihres Unternehmens ausrichten:

- über den Nutzen Ihrer Dienstleistung (z. B.: Problemlösung, Qualitätsnutzen, Marktnische etc.)
- über die Ansprache einer bestimmten Kundengruppe (z. B. Jugendliche, Senioren, Frauen)
- in Abgrenzung zur Konkurrenz (z. B. als preisgünstigster Anbieter eines bestimmten Angebots)
- über den Preis Ihres Angebots (z. B.: höherer oder niedrigerer Preis)
- über den Vertrieb Ihres Angebots (z. B.: über neue Vertriebswege)
- über Ihre Unternehmenskommunikation (z. B. durch Verknüpfung eines Angebots mit besonderen emotionalen Werten)

Beachten Sie: Es gibt viele denkbare Marketing-Strategien. Wichtig ist, aus der Bestandsaufnahme die richtigen Schlüsse zu ziehen. Dafür sind eine genaue Datenanalyse vor allem in Bezug auf Kunden und Konkurrenz sowie Kreativität bei der daraus folgenden Planung gefragt.

Nutzen Sie Neuro-Marketing zur emotionalen Ansprache

Der tiefe Einblick in die Kaufentscheidung. In seinem Buch „Brain Script" fragt der Autor: „Warum kaufen Kunden?" Hans-Georg Häusel stellt ein Modell zur Wirkung von Emotionen im Marketing vor. Zentrales „Machtzentrum" im Kopf des Menschen ist demnach das limbische System – die „Gefühls-Emotionen dominieren unser Hirn. Auch die scheinbar „rationale" Neokortex wird von hier beherrscht. Alle Entscheidungen – ganz besonders Kaufentscheidungen – werden hier durch Emotionen ausgelöst. Deshalb müssen Sie eines beachten: Setzen Sie auf Emotionen!

Wie Marken im Hirn wirken

Hans-Georg Häusel unterscheidet in der Reiz-Wirkung vier Steigerungsgrade der Hirn-Aktivität:

- „Gehirnlangweiler" sind Low-Interest-Produkte wie Bleistifte, Putzmittel und Versicherungen
- „Gehirnaktivierer" sind Mode für Frauen, Do-it-yourself-Produkte für Männer und Medien
- „Gehirnverführer" sind Stimulanzien wie Wein, Bier, Kaffee
- „Gehirnfessler" bilden die höchste Aktivierungsstufe im Hirn, die Konzentration ist wie magnetisch angezogen und allein auf diese Reize ausgerichtet.

Marken fesseln das Gehirn

Sie lösen Kaufentscheidung aus. Sie bewirken so eine einzigartige Positionierung und bestmögliche Lösung. Sie üben eine einzigartige Faszination auf das Gehirn aus. Aufgrund der enormen Attraktivität und Anziehung wird selbst ein hoher Preis dafür gezahlt. Emotion und Motivation sind so stark aktiviert, dass eine große Sehnsucht nach diesen Produkten entsteht.

Dabei aktiviert eine Marke alle drei Areale im limbischen System, die den menschlichen Grundbedürfnissen entsprechen.

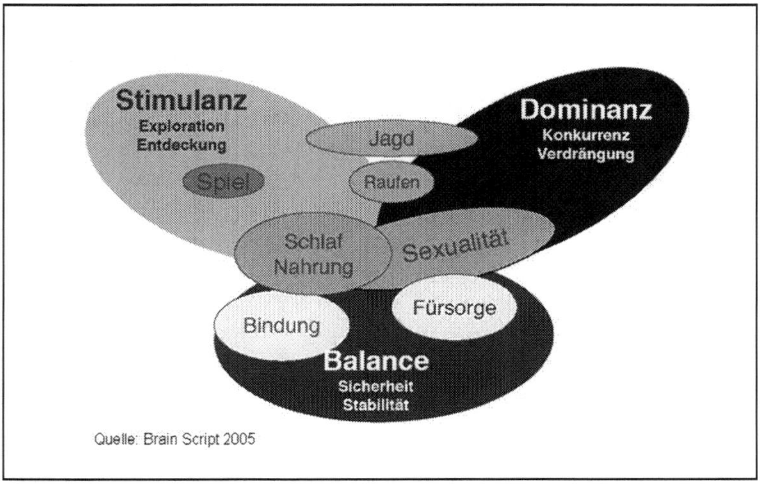

Limbisches System

Limbic Types nach Häusel

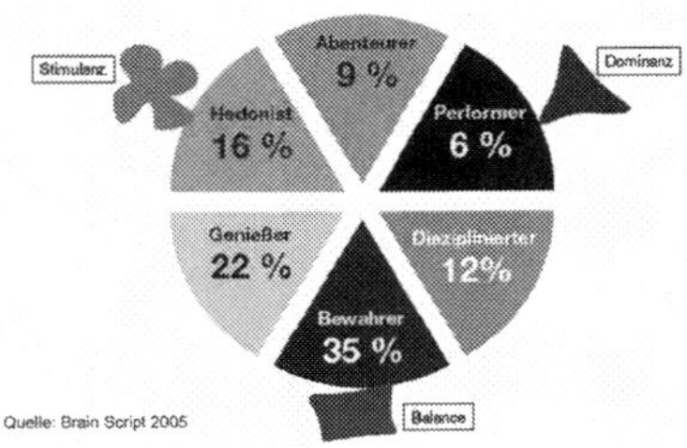

Durch die Analyse der Motive kann das Marketing die Kunden zielgerichtet ansprechen

- Dominanz: Die Marke erfüllt aufgrund ihres Images die Bedürfnisse nach Aktivität, Konkurrenz und Macht.
- Balance: Eine Marke erfüllt aufgrund ihrer Stärke die Bedürfnisse nach Sicherheit und Stabilität.
- Stimulanz: Die Marke ist lebendig und erfüllt somit die Bedürfnisse nach Abwechslung und Neugier.

Nur starke Marken gewinnen

Etablierte Markenkenner verringern die Zahl ihrer Marken, um nicht im Werbebrei unterzugehen. Motto: Mehr Umsatz mit weniger, dafür umso kräftigeren Marken. Diese verfügen erst über Ansehen, erhöhen dann die Umsätze und schließlich steigt der Börsenkurs. In vielen Aktiengesellschaften sind sie zum üppigsten Vermögensposten herangereift. Neuerdings muss der Markenwert auch in der Bilanz erfasst werden. Dies zeigt, wie wichtig die richtige Markenentwicklung ist.

Marken automatisieren Kaufentscheidungen

Ihre Aufgabe im Marketing ist es, Ihre Kunden zu analysieren: Welcher Gehirntyp ist Ihr Kunde? Denn Geld und Zeit sind Universalien auf der limbischen Landkarte. Sie besitzen kein eigenes Aktivierungspotenzial, sondern dienen dazu, individuelle Wünsche, Sehnsüchte und Träume zu erfüllen. Sprechen Sie also Ihre Kunden gehirntypengerecht an:

- Der Performer (6 Prozent) mag Luxusprodukte, die Cleverness oder VIP-Status versprechen wie teure Autos oder Uhren. Er ist potenzieller Kunde für exklusive Finanzkonzepte wie Vermögensberatung oder gar Family-Office Angebote.
- Der Disziplinierte (12 Prozent) braucht lange für Kaufentscheidung. Er ist sparsam, rechnet gründlich und vergleicht lange. Seinen Entscheidungsprozess möchte er kontrollieren. Sparsamkeit ist seine Tugend. Er braucht einen Finanzberater, der seinen Entscheidungsprozess mit Excel-Zahlen steuert, aber auch Vereinfachungen einsetzt. Eine Simplify-Kommunikation ist dazu der Schlüssel. Seine Anliegen sind sicher kalkulierbare Produkte mit Garantien.
- Der Bewahrer (35 Prozent) setzt auf Sicherheit, Vertrauen und Qualität. Wem er vertraut, dem bleibt er treu. Sein Eigenheim ist sein liebstes Hobby. Er mag klassische Finanzprodukte wie Lebensversicherungen und Bausparen. Er braucht intensive persönliche Betreuung.
- Der Genießer (22 Prozent) liebt Genuss, Fantasie sowie Träume und interessiert sich für Wellness und Gesundheit. Er braucht einen Finanzberater, der Finanzgeschäfte „appetitlich", d.h. leicht verdaulich und einfach präsentiert.
- Der Hedonist (16 Prozent) mag Extravaganz, Schrilles und Impulskäufe. Er braucht einen Berater, der schnell auf seine Anfragen reagiert. Gegenüber neuen Finanzprodukten ist er aufgeschlossen.
- Der Abenteurer (9 Prozent) ist risikofreudig und setzt auf Durchsetzungsvermögen, Kampf und Spaß. In Finanzfragen ist er daran interessiert, eine möglichst hohe Rendite zu erzielen.

Wie Sie sich zur Marke machen

Ein Beispiel aus der Praxis: Dietrich Mateschitz gründete mit Red Bull eine mysteriöse Innovation. Der urige Chef ersann eine ungewöhnliche Markenphilosophie: witzig, polarisierend und auf jeden Fall anders. Jeden dritten Umsatz-Euro gibt Mateschitz für Marketing aus – so viel wie kein Zweiter im Brause-Genre. Die Bullen-Kraft hat also ihren Preis. Legen Sie ein Marketing-Budget fest, entweder einen festen Betrag oder einen variablen Betrag, abhängig vom Umsatz. Marken-Unternehmen investieren etwa 5 bis 10 Prozent vom Umsatz in Marketing.

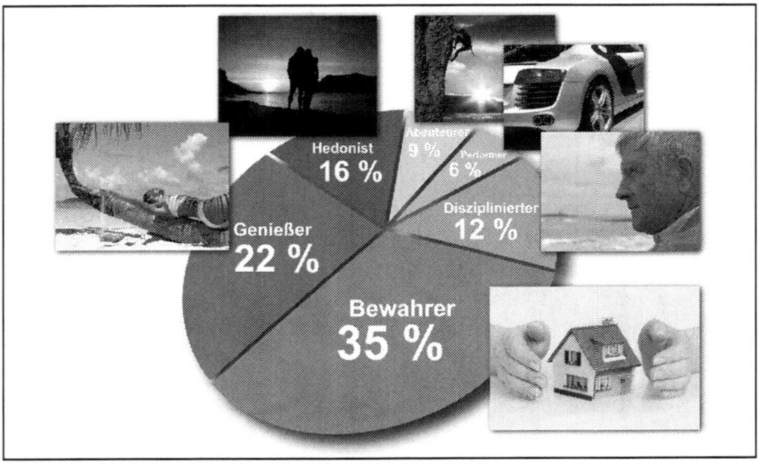

Erkennen Sie die Wünsche Ihrer Kunden!
(Neuromarketing nach den Limbic Types nach Häusel)

Ohne Strategie werden Sie nie zur Marke. Machen Sie sich klar, dass Sie in Ihrer Ganzheit – also durch Ihr Image, Ihr Verhalten und Ihre Einstellungen – zur Markenbildung beitragen. Als Dienstleister ist es notwendig, dass Sie sowohl Ihre Persönlichkeit, Ihre Arbeitsprozesse als auch das Arbeitsumfeld in Ihr Marketing-Konzept einbeziehen.

Tipps zur Markenbildung

- Wählen Sie einen Firmennamen, der Ihre Tätigkeit und Ihr geplantes Image zum Ausdruck bringt. Auch Fantasie-Namen sind erlaubt, das macht Ihren Firmennamen einzigartig.
- Seien Sie in Ihrer Positionierung mutig und realistisch zugleich, denn Ihr Image muss glaubwürdig sein und zu Ihrer Positionierung passen.
- Seien Sie ehrlich, formulieren Sie Ihre Ziele und kommunizieren Sie diese verständlich an Ihre Zielgruppen.
- Zeigen Sie Kompetenz und Haltung, denn Ihre Persönlichkeit gibt Ihrem Unternehmen Profil.
- Seien Sie kreativ und planen Sie intelligent, denn so sparen Sie nicht nur viel Geld im Marketing, sondern sind auch originell und erfolgreich.
- Seien Sie geduldig, denn eine Marke muss leben, die Weiterentwicklung darf nie ruhen.

Schritte auf dem Weg zur Markenbildung

1. **Entwickeln Sie ein hochwertiges Image**
   Zeichnen Sie ein erfolgreiches Bild von sich. Jedes Image setzt sich aus verschiedenen Elementen zusammen, die in ihrer Kombination den einmaligen Wiedererkennungswert einer Marke darstellen. Dazu gehören nicht nur Preis, Firmenname, Design und Unternehmensgröße, sondern auch das Verhalten jedes einzelnen Mitarbeiters, wie auch Qualität von Produkten und Dienstleistungen. Jedes Unternehmen vermittelt somit, bewusst oder unbewusst, ein Image, das sich auf die Kaufentscheidung des Kunden und damit im weitesten Sinne auch auf den Umsatz auswirkt. Wichtig dabei ist: Ein Image muss gelebt werden! Was nach außen kommuniziert wird, sollte der Kunde auch am eigenen Leib spüren können. Diskrepanzen zwischen Ist- und Soll-Wahrnehmung führen insbesondere bei neuen Firmen am Markt schnell zu bleibenden Schäden. Vermeiden Sie dies! Denn der Image-Bonus ist hart erarbeitet.

2. **Positionieren Sie Ihre Marke im hochpreisigen Segment!**
   Ihre Marke muss vor allem hochwertig positioniert sein, um Erfolg zu haben. Darin sind sich alle Fachleute einig. In Positionierungsmodellen lassen sich Marken in einem Raum relativ zu Konkurrenzmarken verorten. Diese Modelle erlauben die Definition von Idealmarken ebenso wie von Idealpunkten, an denen man eigene Marken gern sehen möchte. Eine ausreichende Entfernung von konkurrierenden Marken ist dabei wesentlich, um die Verwechslungsgefahr zu vermeiden. Pioniermarken, die eine Kategorie definieren, sind meist schon am Finanzmarkt etabliert. „Me-Too-Produkte" haben dann eine Chance, wenn sie bei einem niedrigeren Preis mindestens dieselbe Qualität erreichen. Ein anderer Ansatz geht davon aus, dass Verbraucher an einem bestimmten Image interessiert sind. Einige Marken bedienen solche Bedürfnisse. Klassisches Beispiel ist hier die Ideal Versicherung, ein Anbieter für die besonders lukrative Zielgruppe der „Best Ager".

3. **Bekanntheitsgrad: Bauen Sie Ihre Marke durch PR auf!**
   Werbung hat an Wirksamkeit verloren. Den Versprechen auf bunten Spots und Plakaten wird kaum noch Glauben geschenkt. Werbung wird also meist nicht wahrgenommen und ist zudem unglaubwürdig. Der Mensch wendet sich an Instanzen, die in der Lage sind, die Komplexität der Welt zu reduzieren. Wichtig ist, dass diese Instanzen das Vertrauen des Menschen genießen. Public Relation ist deshalb die bessere Werbung.

4. **Fördern Sie Kundenloyalität**
   Schüren Sie Interesse! Die Positionierung muss wirksam dafür sorgen, dass sich in den Köpfen Ihrer Zielgruppen etwas bewegt. Oft übernehmen die Medien diese Rolle. Gelingt es Ihnen also, im redaktionellen Teil eines Mediums positiv dargestellt zu werden, ist bereits ein großer Schritt getan. Gute PR trägt einen entscheidenden Teil dazu bei, Ihre Marke in den Köpfen der Kunden zu etablieren, bekannt zu machen und positive Einstellungen zum Produkt und zum Unternehmen zu manifestieren. Firmen wie Amazon, eBay, oder Google haben es vorgemacht. Sie wurden fast völlig ohne klassische Werbung – nur durch PR – zu Weltmarken.

5. **Verhalten: Aktivieren Sie Ihre Zielgruppen!**
   Sie müssen Kunden zum Kaufen motivieren, Mitarbeiter zu mehr Produktivität, Geschäftspartner für eine loyale Zusammenarbeit gewinnen, Journalisten und Interessenten zu Anfragen anregen. All dies gelingt über eine integrierte Kommunikation. Dafür gilt jedoch dasselbe wie für die gesamte Markenpyramide. Sie muss wohl durchdacht, strategisch ausgerichtet und in ein umfassendes Konzept eingearbeitet sein. Mehr zur integrierten Kommunikation im nächsten Kapitel.

Denken Sie quer

Erfolgreiche Dienstleister beobachten den Markt und konzentrieren sich auf die Produkte oder Leistungen, durch die sie sich von der Konkurrenz abheben. So erschließen sie mit neuen Angeboten zusätzliche Kundengruppen. Außerdem vermeiden sie ruinöse Preiskämpfe und schaffen sich eine Alleinstellung im Markt. Oft führen schon einfache Methoden zum Erfolg. Am Anfang des Marketing steht die Beobachtung der Kunden wie auch der Konkurrenz. Immer wieder muss sich der Finanzdienstleister fragen, welche Leistungen und vor allem welche profilierten Zusatzleistungen gefragt sein könnten. Auf den Strukturwandel im Marketing können Sie reagieren durch:

- Spezialisierung, z. B. Finanz-Beratung für Frauen
- Marktnischen, z. B. Konzepte zur betrieblichen Altersvorsorge
- höhere Qualität bzw. Upgrading von Produkten, z. B. ethische Vermögensberatung
- Luxus, z. B. Family Office Lösungen

Arbeiten Sie partnerschaftlich mit Ihren Kunden zusammen. Identifizieren Sie sich mit den Kundenzielen. Zusätzlich müssen Sie Mehrwert und Zusatznutzen für Ihre Kunden bieten, um diese dauerhaft zu binden.

Vertrauens-Marketing als Grundlage, um Kunden langfristig zu binden, müssen Sie sich immer wieder in Erinnerung bringen. Das kann geschehen durch persönliche Besuche, regelmäßige Newsletter, die Herausgabe eines eigenen Kundenmagazins, aber auch zuverlässige Hilfe, wenn Ihr Kunde „in Not" ist.

Sprechen Sie das Sicherheitsbedürfnis Ihrer Kunden an. Der Kunde möchte sicher sein, dass Sie seriös sind und nicht nur Ihre, sondern auch seine Interessen vertreten. Nehmen Sie sich deshalb Zeit für eine persönliche Beratung, denn nur so können Sie Ihren größten Vorteil richtig ausspielen. Es stärkt das Vertrauen des Kunden, wenn Sie nach erbrachter Leistung nicht „abtauchen", sondern sich auch in der Folgezeit immer mal wieder in Erinnerung bringen. Sammeln Sie alle geschäftlichen und privaten Daten des Kunden in einer Datei und nutzen Sie seine Ehrentage sowie Steckenpferde als Gelegenheit zur erneuten Kontaktaufnahme

Setzen Sie Zeichen: mit Ihrer Corporate Identity

Dieses Kapitel gibt Ihnen einen Einblick, was Corporate Identity (CI) ist und welchen Nutzen Sie Ihnen bietet. Sie erhalten praktische Tipps, wie Sie Ihre CI professionell gestalten können. Für alle, die diese Arbeit einem externen Dienstleister anvertrauen möchten, gibt es am Schluss des Buches Hinweise zur Wahl des richtigen Dienstleisters.

Was ist CI? „Corporate" bedeutet Unternehmen und „Identity" bezeichnet das Selbstverständnis eines Unternehmens. Eine Firmen-Identität entsteht aus der Beziehung zwischen innen und außen. Die CI zeigt sich im Denken, Handeln und den Leistungen des Unternehmens. Das Erkennen, Gestalten, Verwirklichen und Prüfen der Identität eines Unternehmens wird als CI bezeichnet.

Als Unternehmer auf dem Markt zu bestehen, ist schwierig. Produkte sind austauschbar, die Konkurrenz ist groß und die Öffentlichkeit kritisch. Für viele Unternehmer ist es lebensnotwendig, ihren Kunden, Partnern und Mitarbeitern durch eine einzigartige, unverwechselbare Identität Orientierung und Sicherheit zu bieten. So heben sie sich klar von der Konkurrenz ab. Dabei ist die Erstellung der CI oftmals der erste Umsetzungsschritt nach Anfertigung der Marketing-Konzeption. Ein stimmiges und überzeugendes Erscheinungsbild kann nur der vermitteln, der weiß, was er ist und was er kann. Kompetenz zeigen viel zu wenige Finanzdienstleister. Warum sonst greifen Käufer immer wahlloser nach Produkten? Sie recherchieren über das Internet und schließen online ab! Warum vermissen Kunden bei ihrem Finanzberater ein Profil? Warum bewerten viele Kunden das Image von Finanzberatern so schlecht? Ihre Kunden wissen oft gar nicht, was ihr Finanzberater alles kann.

Entwickeln Sie Ihre CI. Mit einer CI ermöglichen Sie Ihren Kunden einen schnellen und einfachen Wiedererkennungseffekt. Mit einem einheitlichen Erscheinungsbild schaffen Sie Werte für Ihr Unternehmen. Eine CI bietet Ihnen Wirkungsweisen: Nach innen zielt sie auf die Entwicklung eines „Wir"-Bewusstseins; nach außen zielt sie auf eine ganzheitliche Präsentation und Interpretation Ihres Unternehmens. Sie unterstützen also strategische Unternehmensziele:

- **Identifikation:**
  Stärkung von Verantwortung und Gemeinschaftssinn.
- **Orientierung:**
  Ausrichtung der Unternehmensaktivitäten auf den gemeinsam angestrebten Erfolg.
- **Motivation:**
  Stärkung der Leistungsbereitschaft und Zufriedenheit der Mitarbeiter.
- **Legitimation:**
  Verdeutlichung und Rechtfertigung der Unternehmensaktivitäten.

Innerhalb der CI spielt Corporate Design eine besondere Rolle, nicht zuletzt auch in Bezug auf die Vertrauensbildung beim Kunden und Auftraggeber. Es geht hierbei um das einheitliche Erscheinungsbild Ihres Unternehmens zur Verbesserung der Wiedererkennbarkeit und Erhöhung der Bekanntheit. In diesem Sinne können Mitarbeiter einheitlich gekleidet sein, tragen Fahrzeuge, Briefe, Rechnungen, Visitenkarten u.ä. die Hausfarbe und sind Broschüren, Drucksachen, Anzeigen und Gebrauchsanweisungen in Stil und Schriftart einheitlich gestaltet.

Firmenkonturen verschwimmen

Gerade Einzelkämpfer, kleine und mittelständische Unternehmen sollten die Chance nutzen, sich durch einen einheitlichen und schlüssigen Auftritt zu präsentieren. Denn dies bedeutet, sich den Wettbewerbsvorsprung vor den Konkurrenten zu sichern. Ob Gesellschaft, Finanzberater oder Versicherungsvermittler – jeder profitiert durch eine eigene CI. Für Unternehmen ist in den letzten Jahren vieles anders geworden: Märkte ändern sich. Viele Märkte sind gesättigt: Eine Lebensversicherung hat beispielsweise schon fast jeder. Für viele ist CI deshalb eine Wunderwaffe im harten internationalen Wettkampf. Denn Unternehmenserfolg und CI korrelieren, das ergaben mehrere Studien. Die meisten Topmanager halten CI für sehr wichtig. Nach den Gründen für ihre CI-Aktivitäten befragt, nennen die Firmen Informationsdefizite und Imageprobleme bei bestimmten Bezugsgruppen, ein veraltetes oder verwirrendes Erscheinungsbild sowie Fusionen und Firmenzusammenschlüsse. Meist bilden also konkrete Anlässe die Auslöser, sich mit CI zu beschäftigen.

Es ist also an der Zeit, dass Firmen ihre Chancen nutzen und sich durch eine professionell gestaltete CI einen prägnanten Auftritt bei der Belegschaft, im Markt und in der Öffentlichkeit verschaffen. Große Firmen wie Allianz, Axa oder Gerling haben dies längst erkannt. Dagegen nutzen kleine Finanzvertriebe, Vermittler oder Berater kaum die Chancen professioneller CI. Dabei spielt die Größe eines Unternehmens keine Rolle: Ein Verband mit 50 Mitgliedern hat auch seine Identität, ebenso wie der Konzern mit 500.000 Mitarbeitern. Kleine und mittlere Unternehmen haben es sogar leichter als große. Entscheidungswege sind dort kürzer. Diese Unternehmen wissen meist genau, wo ihre speziellen Stärken und Schwächen liegen. Jeder Dienstleister kann sein Unternehmen durch Darstellung seiner speziellen Fähigkeiten und Kenntnisse bekannt und unverwechselbar machen. Der Kunde/Verbraucher wird dann wissen, warum er gerade diesen Berater wählt und bei ihm die Policen abschließt. Pools und Unternehmen unterstreichen ihre Ziele und sichern sich dadurch die Unterstützung von potenziellen Geldgebern und Mitgliedern. Selbst Veranstaltungsanbieter wie Messen,

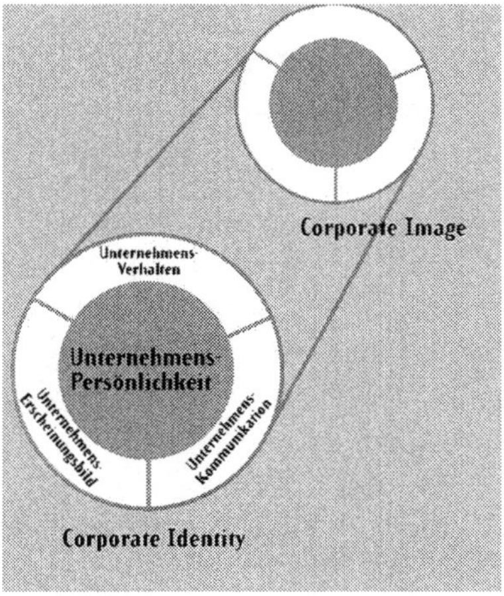

Mit Ihrer Corporate Identity transportieren Sie Ihre Unternehmenswerte.

Kongresse oder Trainer können zeigen, warum sich eine Reise und der Besuch lohnen. So weist die CI einen Weg in die Zukunft.

Eigene Kompetenz glaubhaft machen

- Wissen Ihre Kunden wirklich, wer Sie sind und was Sie bieten?
- Kennen Ihre Kunden Ihre einzigartigen Stärken?
- Wissen Ihre Mitarbeiter, warum sie sich für Ihre Unternehmensziele engagieren sollen?
- Wer sind Sie in den Augen Ihrer Kunden?

Die CI sollte eine glaubhafte Antwort auf diese Fragen geben. Eine professionelle CI kann die Identitätsprozesse einer Organisation gestalten und steuern. Der Unternehmer erkennt in einem systematischen Prozess seine Identität und vergleicht sie mit Wünschen und Erwartungen von Kunden, Mitarbeitern und Umfeld. Auf dieser Basis entscheidet sich das Unternehmen, ob es sein gemeinsames Selbstverständnis verändern muss und wie es sein soll. Diese angestrebte Identität wird durch das Erscheinungsbild, die Kommunikation und das Verhalten nach innen und außen vermittelt. Das gemeinsame Selbstverständnis wird auch immer wieder kritisch geprüft, um festzustellen, ob die Identität weiterhin den sich ändernden internen und externen Erwartungen und Anforderungen gerecht wird. Wichtig ist, dass ein Unternehmen nicht nur erkennt, was es in der Öffentlichkeit sein will, sondern auch, wie es durch die eigene Kompetenz und Leistung glaubhaft sein kann. Will sich das Unternehmen stärker dem Umweltschutz verpflichten, muss es dies auch umsetzen können. Und: Das Unternehmen muss prüfen, ob das, was es kann, auch vom Umfeld so gesehen und akzeptiert wird. Eine aussagekräftige CI ist:

- **Ganzheitlich:**
  CI braucht ein übergreifendes Konzept: CI berührt nicht nur Marketing oder Public Relations, sondern auch Personal und Firmenumfeld. Sie wird nicht nur durch ein einheitliches Corporate Design (CD) vermittelt, sondern auch durch stringende Kommunikation (Corporate Wording) und abgestimmtes Verhalten (Corporate Behavior). Diese ganzheitliche Sicht macht die CI zum wichtigen Bestandteil in der strategischen Unternehmensführung.
- **Systematisch:**
  CI ist kein planloses Agieren durch ein neues Firmenlogo oder einen Internet-Relaunch. Ein CI-Konzept gewährleistet, dass ein Unternehmen vorausschauend seine Chancen erkennt und seine Zukunft erfolgreich gestaltet.

- **Aktiv:**
  Jedes Unternehmen hat eine Identität. Es ist nicht möglich, keine Identität zu besitzen. CI bedeutet, diese Identität zu erkennen und im Spannungsfeld eigener Stärken und Schwächen sowie den internen und externen Erwartungen und Wünschen aktiv zu entwickeln.
- **Kontinuierlich:**
  Da sich das Unternehmen und sein Umfeld ständig ändern, ist CI ein lebendiger und kontinuierlicher Prozess, der Entwicklungen des Markts und des gesellschaftlichen Umfelds vorwegnehmen sollte.
- **Langfristig:**
  CI ist weder „Schnellschuss" noch „Feuerwehr" in einer Krise. Durch spektakuläre, aber vordergründige Maßnahmen leidet die Glaubwürdigkeit und Vertrauen kann verloren gehen. Wer also Erfolge quasi über Nacht durch ein neues Briefpapier und einige Werbeplakate erwartet, sollte sein Geld sparen. Ein gemeinsames Selbstverständnis entwickelt sich nur langsam – ebenso ein gewünschtes Image in der Öffentlichkeit. Ein Weg zum Kunden sind neue Produkte, die in immer kürzeren Abständen auf den Markt gelangen. Sind Produkte erfolgreich, kopiert sie innerhalb kürzester Zeit die Konkurrenz – der Vorsprung ist nur kurz. Das rasante Tempo macht es schwer, ein stabiles Produktimage aufzubauen. Die riesige Flut an Produkten führt zum fehlenden Überblick für Kunden. Folge: Die Macht des Kunden wächst – Produkte müssen darum kämpfen, überhaupt in die Auswahl aufgenommen zu werden. Vorteile hat, wer bekannt ist und ein gutes, unverwechselbares Image genießt.

Identität, Image und Marke

Kunden sind unberechenbarer, wählerischer und kritischer geworden: Sie kaufen ein Versicherungsprodukt nicht nur aufgrund der Tarifmerkmale, sie wollen mit dem Abschluss auch Prestige, Komfort und Sicherheit erwerben. Sie möchten wissen, ob die Weichkosten (Vertriebskosten, administrative Gebühren, etc.) niedrig sind und welche Rückstellungen die Gesellschaft bildet, um langfristig sicher am Markt zu agieren. Kunden fragen nicht allein nach Produkten, sondern erwarten auch ein qualifiziertes Beratungsgespräch vom Vermittler. Den Kunden durch Werbung, Verkaufsförderung, Public Relations und Sponsoring auf all das die richtigen Antwort zu geben, fällt immer schwerer – zu groß ist die Reizüberflutung: Es gibt über 500 Tageszeitungen, 800 Publikumszeitschriften und über 1.000 Fachzeitschriften. Kein Wunder, wenn ein Mensch nur noch 2 Prozent der angebotenen Informationen wahrnimmt. Der Werbedruck steigt weiter:

Innerhalb von zehn Jahren ist das Medienaufgebot in Europa so gewachsen, dass Werbende dreimal so große Budgets brauchen, um dieselbe Käuferzahl zu erreichen. Selbst auf dem „Stillen Örtchen" gibt es kein Entrinnen: Mittlerweile gibt es Werbung unter dem Acrylglas am Toilettendeckel, auf den Innenseiten von WC-Türen und über den Urinalen. Bunter, aggressiver und einfallsreicher werben reicht aber nicht aus: Im harten Verdrängungswettbewerb und der erbitterten Konkurrenz um Aufmerksamkeit muss ein Unternehmen mit einer starken, einzigartigen Identität klipp und klar verständlich sagen, wer es ist, was es kann, was es von anderen unterscheidet und welchen Nutzen es bringt.

Wer hilft bei der CI-Erstellung?

Nicht immer reichen die unternehmensinternen Kapazitäten, um die Gestaltung der CI selbst zu übernehmen. Wer sich lieber auf sein Kerngeschäft konzentrieren möchte, ist mit der Wahl eines externen Dienstleisters gut bedient. Diese Aufgabe übernehmen Agenturen. Ihr Angebot unterscheidet sich jedoch sowohl von der Quantität als auch von der Qualität her. Eine Fehlentscheidung kann teuer werden. Daher ist es wichtig, den richtigen Dienstleister sorgfältig auszuwählen. Lesen Sie mehr zur Agentur-Auswahl im letzten Kapitel.

Übrigens: die CI von unserem Versicherungsmakler Herbert Müller ist in grün gestaltet. Denn er will sich somit vom klassischen Blau der Finanzbranche abheben. Er präsentiert damit seine ökologische und ökonomische Ausrichtung und positioniert sich als Anbieter für nachhaltige Finanzprodukte. Das ist ein großer Trend, denn immer mehr Kunden wollen ihr Geld mit gutem Gewissen anlegen.

Ihr Logo ist das Herzstück Ihrer Markenstrategie

Konzerne geben Millionen für Namensfindung und Logo-Entwicklung aus. Für kleine und mittelgroße Versicherungsagenturen gibt es jedoch auch preiswertere und ebenso gute Lösungen. Fest steht jedenfalls, dass ein Firmenlogo unverzichtbar ist. Es repräsentiert Ihr Unternehmen. Es muss so einprägsam und unverwechselbar sein, dass man es nach einiger Zeit auf Anhieb mit Ihrem Unternehmen in Zusammenhang bringt.

Durch Kommunikation wird das Logo nach und nach mit Inhalt angereichert. Jeder Kontakt zwischen Ihrem Unternehmen und Ihren Kunden prägt das Bild Ihres Unternehmens. Mit dem Logo wird also nach einer Zeit ein ganzes Bündel von Eigenschaften assoziiert, ein Gemisch aus den Werbekontakten und persönlichen Erfahrungen. Je nachdem, wie Sie sich positionieren, wird man Ihr Unternehmen z.B. als sympathisch, kundenfreundlich oder innovativ wahrnehmen.

Beherrschen Sie ein Grafikprogramm und wissen Sie, worauf es bei einem Logo ankommt? Können Sie eine Druckvorlage in den gängigen Dateiformaten erstellen und sind Auflösung und Farbmodus keine Fremdwörter für Sie? Dann können Sie es selbst versuchen. Die meisten Versicherungsmakler haben ihre Stärke allerdings eher in der Kundenberatung und verfügen in gestalterischen Dingen allenfalls über Laienwissen. Sie werden daher einen professionellen Grafiker oder eine kleine Agentur beauftragen. Aber auch in der Zusammenarbeit mit Dienstleistern aus der Werbung helfen Ihnen die folgenden Tipps, Ihre eigenen Ideen in den Entwurf eines Logos einzubringen. Schließlich sollten Sie schon mitreden können, wenn es um das zukünftige Erscheinungsbild Ihres Unternehmens geht.

Die Elemente eines Logos

Das Logo besteht aus einem Schriftzug und einem Bild, zusammengesetzt zu einer „Wort-Bild-Marke“:

- Die klassische Wortmarke besteht aus zwei Teilen: Name und Firmenbezeichnung. Sie erhält durch Schriftart, Schriftgröße und Farbe eine charakteristische Prägung.
- Die Bildmarke ist eine vereinfachte Form, z.B. der Umriss eines Werkzeugs oder ein geometrisches Zeichen. Aus der Kombination von Firmenname und Symbol können Betrachter oft schon die Branche ableiten. Zeitungsleser wissen dann z.B. schon auf den ersten Blick, ob eine Geschäftsanzeige für sie interessant ist. Eine Sonderform ist das typographische Logo. Dazu zählen das T der Telekom und das M von McDonalds. Meistens steht der Anfangsbuchstabe des Firmennamens stellvertretend für das Unternehmen und wird mithilfe von Farbe, Formen und Schriftart individuell gestaltet.

Ihre Praxis-Tipps: Die sieben Eigenschaften eines guten Logos

Ziehen Sie die folgenden sieben Punkte zur Bewertung der Entwürfe heran. Ein gutes Logo hat folgende Eigenschaften:*

1. Unique = unverwechselbar: Das Logo hebt sich positiv von der Konkurrenz ab. Verwechslung ist ausgeschlossen.
2. Maßgeschneidert: Schriftzug, Farbe und Bild passen zum Unternehmen und wirken z. B.: seriös oder konservativ.
3. Verständlich: Das Zeichen ist selbsterklärend, der Schriftzug gut lesbar. Die Kombination ist stimmig und der Bezug zu Ihrer Arbeit ist offensichtlich.
4. Einprägsam: Vermeiden Sie verspielte oder komplizierte Formen. Achten Sie darauf, dass es einfach und prägnant ist.
5. Zeitlos: Ihr Logo begleitet Sie jahrelang und hat erst nach einiger Zeit den gewünschten Wiedererkennungseffekt. Es sollte daher einige Trends überstehen.
6. Stimmig: Wort- und Bildmarke bilden eine Einheit, wirken „aus einem Guss".
7. Schnörkellos: Damit sie es das Logo problemlos vergrößern und verkleinern können, verzichten Sie auf Verzierungen. Sie werden bei Verkleinerungen undefinierbar.

Fazit: Ein brauchbares Logo ist universell einsetzbar:

1. Es ist auch aus der Ferne zu erkennen (wichtig für Fahrzeugbeschriftungen).
2. Der Schriftzug ist auch klein noch lesbar, die Umrisse der Bildmarke verschmelzen nicht miteinander.
3. Das Logo sieht in schwarz-weiß genauso gut aus wie in Farbe. Es besteht den Kopier- und Fax-Test!

* **Literaturtipp:** Claudia Runk (2008): Grundkurs Typografie und Layout.

Wie Sie die richtigen Zielkunden erreichen

Der Kunde steht mit seinen Bedürfnissen im Fokus Ihrer unternehmerischen Aktivitäten. Finanzdienstleistungen können nicht standardisiert werden und Kundentypen auch nicht. Der Finanzdienstleistungsmarkt wird von heterogenen Bedürfnissen dominiert. Ganz unterschiedliche Kunden müssen identifiziert und erreicht werden. Kunden können beispielsweise durch demografische oder persönliche Merkmale differenziert werden. Zur Charakterisierung von Lebensstilen können sowohl Aktivitäten als auch Interessen und Meinungsgegenstände dienen. Demografische Merkmale sind beispielsweise Alter, Beruf Geschlecht oder Einkommen. Besonders wichtig ist in diesem Zusammenhang auch die Berücksichtigung des Wertewandels in der Gesellschaft, welcher durch die Entwicklung bestimmter Trends wie die Entwicklung zu immer mehr Single-Haushalten zum Ausdruck kommt. Unterteilungen wie Firmen- und Privatkunden sind zudem hilfreich.

Erfolgreiche Finanzdienstleister suchen profitable Marktsegmente und sprechen die relevanten Zielgruppen optimal an. Sie können den Gesamtmarkt mithilfe geografischer, soziodemografischer, psychografischer oder verhaltensorientierter Kriterien segmentieren. Kombinieren Sie diese Kriterien mit dem Wertemuster aus dem Neuro-Marketing miteinander, so erhalten Sie homogene Zielgruppen, die sich mit den verschiedenen verfügbaren Marketing-Instrumenten effizient bearbeiten lassen.

Aufgaben der Marktsegmentierung

Ziel ist es, rentablen Kundengruppen (Segmenten) individuelle Leistungsangebote zu unterbreiten. Für jedes Segment wird eine eigene Marketing-Strategie entwickelt, die auf den Ergebnissen der Marktsegmentierung beruht. Mithilfe der Marktsegmentierung erreichen Sie also zweierlei: Sie identifizieren die Zielmärkte Ihres Unternehmens, und Sie erhalten wichtige Informationen über diese Märkte sowie ihre Teilnehmer, auf deren Grundlage Sie Ihre Marketing-Instrumente ausgestalten können.

Die Kundensegmentierung

Um den Gesamtmarkt aufteilen zu können, benötigen Sie Kriterien, die eine sinnvolle Abgrenzung, Beschreibung und Bearbeitung von Marktsegmenten ermöglichen.* Zunächst einmal müssen die Segmente mit den Mitteln der Marktforschung erfassbar und messbar sein. Außerdem müssen sie nach Art und Volumen ein ausreichendes Gewinn- und Umsatzpotenzial bieten und gezielt ansprechbar sein. Und schließlich kommt es auch auf Wirtschaftlichkeit und Machbarkeit an: Der Nutzen, der sich aus der Segmentierung ergibt, muss größer sein als die anfallenden Kosten. Sie müssen also zu Marktsegmenten gelangen, die Sie mit Ihren Ressourcen auch wirklich bearbeiten können. In der Praxis bewährt haben sich geografische, soziodemografische, psychografische und verhaltensorientierte Segmentierungen. Wenn Sie regionales Marketing betreiben wollen, unterteilen Sie Ihren Markt nach Kriterien wie: Bundesland, Region, Stadt, Landkreis oder Gemeinde. Ein Beispiel für eine feinere geografische Segmentierung ist die Einteilung in Wohngebietszellen. Indem Sie regionale Daten (z.B. Beschäftigung, Wirtschafts- und Infrastruktur) mit Angaben zum Lebensstil der Bewohner verknüpfen, können Sie kleinste Marktsegmente gezielt ansprechen.

Die soziodemografischen Kriterien

Möglich ist auch die Segmentierung des Marktes nach demografischen (z.B. Alter, Geschlecht, Familienstand, Haushaltsgröße) und sozioökonomischen Merkmalen (z.B. soziale Schicht, Beruf, Einkommen, Ausbildung). Wie bei der geografischen Segmentierung sind die gebildeten Segmente vergleichsweise leicht erfassbar und messbar. Allerdings liefert diese Methode nur in geringem Maß Anhaltspunkte für die Ausgestaltung Ihres Marketing-Instrumentariums. So lässt z.B. die Zugehörigkeit zu einer bestimmten Altersgruppe nicht unbedingt auf das Abschlussverhalten schließen.

Die psychografische Segmentierung

Die psychografische Segmentierung nutzt allgemeine Persönlichkeitsmerkmale wie z.B. Einstellungen, Lebensstil und Wünsche. Diese Merkmale lassen eher Rückschlüsse auf das Kaufverhalten zu als soziodemografisch bestimmte. Ein starker Kaufverhaltensbezug ergibt sich beispielsweise dann, wenn Sie nach produktspezifischen Einstellungen (z.B. Einstellung zur Nachhaltigkeit) oder nach Nutzenvorstellungen (z.B. Eigennutzung oder Vorsorge für Ehepartner oder Kinder) segmentieren. Einstellungen und Nutzenvorstellungen eignen sich besonders für die Marktsegmentierung, da sie zentrale Kriterien der Kaufentscheidung sind.

---

* **Literaturtipp:** Hermann Freter (2008): Markt- und Kundensegmentierung.

Die verhaltensorientierte Segmentierung

Während psychografische Kriterien Ursachen des Kaufverhaltens darstellen, zeigen verhaltensorientierte Kriterien Ergebnisse von Kaufentscheidungsprozessen. Beim Konsumenten sind verschiedene Kaufverhaltensmuster zu erkennen, z.B. sein Preisverhalten bei Sonderangeboten. Sein Informations- und Kommunikationsverhalten ermöglicht Aussagen über die Mediennutzung, die wiederum die Auswahl von Werbeträgern erleichtern.

Mit Kombinationen zum Erfolg

Häufig kombinieren Unternehmen die verschiedenen Segmentierungsarten miteinander, um optimale Ergebnisse zu erzielen. Die soziodemografischen und geografischen Kriterien ermöglichen die gezielte Ansprache der Segmente. Die psychografischen und verhaltensorientierten Kriterien geben aufgrund ihrer Nähe zum Kaufverhalten Aufschluss darüber, wie das Marketing-Instrumentarium ausgestaltet werden sollte. Kombinieren Sie also die verschiedenen Segmentierungsarten miteinander! So können Sie Ihre Zielmärkte genau bestimmen und Ihre Marketing-Instrumente effizient einsetzen. Durch diese differenzierte Marktbearbeitung heben Sie sich von der Konkurrenz ab und stärken Ihre Wettbewerbsposition langfristig.

Zwei Beispiele, wie Herbert Müller seine zwei wichtigsten Zielgruppen definiert. Es geht um folgende Zielgruppen: „Junge Erwachsene" und „55plus".

1. **Zielgruppe „junge Erwachsene"**
   Eine wichtige Zielgruppe für die Finanzdienstleister stellen die „jungen Erwachsenen" dar. Sie befinden sich im Alter zwischen 18 und 27 Jahren und sind die Käufer von morgen. Die breite Masse dieser Zielgruppe befindet sich noch in der Ausbildung, im Berufseinstieg oder im Studium. Sie sind den alltäglichen Umgang mit Internet und Web 2.0 gewohnt. Anzutreffen ist die Zielgruppe u.a. auf Konzerten, in Kinos, an Hochschulen und bei Sportveranstaltungen. Bei den „jungen Erwachsenen" handelt es sich zudem um eine eher unerfahrene Konsumenten- und Käuferschicht.

2. **Zielgruppe „55plus"**

Für die Finanzdienstleister ist diese Zielgruppe aufgrund der guten finanziellen Verhältnisse sehr interessant. Nach einigen Generationen, die große Verluste durch die Weltkriege erlitten haben, hat diese Generation ein beträchtliches Erbe in Aussicht. Hinzu kommt, dass viele eine Auszahlung der Lebensversicherung erwarten können. Die stetig ansteigenden Zahlen bei der Auszahlung von Lebensversicherungen (Durchschnittsalter der Begünstigten liegt bei 56 Jahren) und die rund zwei Billionen Euro Erbschaften, die hauptsächlich den 50- bis 69-Jährigen zufließen, unterstreichen das Potenzial, welches für die Kreditinstitute bei diesen Kunden besteht. Weiter verstärkt wird diese Aussage durch die Tatsache, dass von allen Senioren, die Anspruch auf eine gesetzliche Rente haben, 47 Prozent ein eigenes Haus besitzen und weitere 9 Prozent eine Eigentumswohnung. Älterwerden heißt nicht unbedingt Verlust von Fähigkeiten und Fertigkeiten, Verlust von sozialem Verständnis und Mitgefühl und vor allem nicht Verlust von Begeisterungsfähigkeit und Einsatzbereitschaft. Zu beachten ist auch, dass es sich bei der Zielgruppe „55plus" um eine sehr erfahrene Käuferschicht handelt. Sie lassen sich nicht von aufwändigen Effekten und originellen Marketing-Maßnahmen beeinflussen. Des Weiteren ist die Markentreue dieser Zielgruppe durch ihre jahrzehntelange Erfahrung als Kunde sehr groß.

Praxisbeispiel von Makler Herbert Müller. Er hat ganz spezielle Vorstellungen, wie er Zielkunden finden und bedienen möchte.

- **Kundenselektion:** Finanzkräftige (55 plus) Kunden sollen angesprochen werden, im Radius von einer Autostunde Entfernung.
- **Kundenmerkmale:** Er möchte vertrauensvolle Kunden gewinnen, die mit ihm offen über ihre Bedürfnisse nach Absicherung im Rahmen von Versicherungs- und Finanzprodukten sprechen. Seine Kunden interessieren sich für eine ganzheitliche Betreuung und nicht für „billige" Produkte.

Ihre Roadmap zum fertigen Marketing-Konzept

In vielen Versicherungsagenturen läuft Marketing so nebenbei. Da wird hier und da eine Mailing verschickt. Eine erfolgreiche Kommunikation braucht jedoch kontinuierliche Planung. Grundlage bildet ein Konzept. Darin legen Sie die Ziele, Zielgruppen und die dazu passenden Instrumente schriftlich fest. Zehn Praxistipps dazu:

1. Am Anfang steht die Erarbeitung Ihres genauen Unternehmensprofils. Führen Sie eine Imageanalyse durch, z.B. durch eine Kundenumfrage. Formulieren Sie Ihr Profil.
2. Vergleichen Sie sich mit der Konkurrenz. Definieren Sie anschließend die Besonderheiten Ihres Unternehmens. Formulieren Sie Alleinstellungsmerkmale als Highlights.
3. Filtern Sie Ihre Stärken und Schwächen heraus, und erarbeiten Sie ein genaues Profil Ihrer Organisation (Ist-Zustand).
4. Definieren Sie Grundwerte, Leitlinien und Ziele für Ihre zukünftige Unternehmensidentität (Soll-Zustand). Erarbeiten Sie eine Unternehmensphilosophie (Mission) und Sprachregelungen.
5. Entwickeln Sie aufgrund dieser Unterlagen Ihre Corporate Identity.
6. Definieren Sie sämtliche Bezugsgruppen einschließlich der eigenen Mitarbeiter. Führen Sie im Anschluss eine Gewichtung Ihrer Zielgruppen durch.
7. Legen Sie bezogen auf die einzelnen Ziele und Zielgruppen Instrumente fest. Beginnen Sie mit einem Brainstorming: Schreiben Sie sämtliche möglichen Maßnahmen auf. Fertigen Sie eine Prioritätenliste für die einzelnen Maßnahmen an.
8. Erarbeiten Sie eine Zeit- und Kostenplanung und damit eine Machbarkeitsanalyse. Filtern Sie die wichtigsten Instrumente heraus. Planen Sie die interne Organisation der Maßnahmen und definieren Sie Verantwortlichkeiten.
9. Auch wenn sich nicht alle Maßnahmen leicht messen lassen: Legen Sie regelmäßige Auswertungen wie z.B. einen Pressespiegel fest.
10. Überarbeiten Sie mindestens einmal jährlich Ihr Konzept, indem Sie Ziele und Maßnahmen hinterfragen und gegebenenfalls neu definieren.

Den detaillierten Fragebogen für Ihre Marketing-Strategie finden Sie in der Anlage.

B) Wie Sie neue Kunden gewinnen

Es ist zwar lukrativer, Geld mit Stammkunden zu verdienen als mit Neukunden. Trotzdem: ohne Neukunden kann kein Finanzdienstleister überleben. Denn Kunden gehen verloren durch unterschiedliche Gründe: Manche sterben, andere ziehen um und einige werden abgeworben. Deshalb ist die Neukundengewinnung ein unerlässliches Instrument zum unternehmerischen Erfolg. Mit jährlich 10 bis 20 Prozent Kundenverlust sollten Sie rechnen. Wenn ein Unternehmen wachsen will, muss also der Erfolg der Neukunden-Akquise größer als der Kundenverlust sein.

Entwickeln Sie Ihre Vertriebsstrategie

Anspruch und Wirklichkeit klaffen weit auseinander. Die meisten Finanzdienstleister halten die systematische Neukundengewinnung für immens wichtig. Gleichzeitig sind aber nur sehr wenige mit ihren Erfolgen zufrieden. Diese große Diskrepanz zwischen Relevanz und Zufriedenheit macht den Handlungsbedarf besonders deutlich. Trotzdem handeln viele Finanzdienstleister in dieser Sache wenig methodisch fundiert und verlassen sich lieber auf ihre Stammkunden und ihr Bauchgefühl. Das ist zwar finanziell nachvollziehbar, unternehmerisch ist es aber verhängnisvoll. Was viele Finanzdienstleister davon abhält, sich näher mit der Neukundengewinnung zu beschäftigen, ist der scheinbar hohe finanzielle und personelle Aufwand, der sich damit verbindet. Außerdem ist in keinem anderen Vertriebsbereich das Frustrationspotenzial so hoch wie in der Kaltakquise, also bei der Gewinnung von Kunden, zu denen noch kein Kontakt besteht. Um aus dieser wenig aussichtsreichen Ausgangsposition doch noch eine Erfolgsgeschichte zu machen, sind zehn Erfolgsprinzipien bei der Neukundengewinnung hilfreich:

1. **Ihre Ziele:** Oft fallen die Ergebnisse bei der Akquise schlecht aus, weil klare Ziele fehlten. Um dies zu vermeiden, sollten Sie konkrete Ziele formulieren, die zugleich Handlungsanweisungen sind, z. B. „Bis zum Jahresende zwanzig neue Kunden gewinnen. Bis Ende März Auswahl abschließen. Bis Ende Juni Erstkontakt herstellen". So erkennt jeder Vertriebsmitarbeiter, was er kurz- und langfristig erreichen soll. Außerdem lassen sich an eine solche Vorgehensweise nahtlos Motivierungsmaßnahmen anschließen.

2. **Ihre Strategie:** Je nach Branche und anzubietendem Produkt sollten Sie sich für eine der beiden folgenden Strategien entscheiden: Die Push-Strategie drängt auf einen sofortigen Abschluss. Sie passt, wenn der Neukunde das Produkt schon kennt oder wenn es im Vergleich zu Konkurrenzprodukten deutlich besser ist, so dass eine sofortige Zusage logisch erscheint. Die Pull-Strategie richtet sich darauf, beim Kunden präsent zu sein, so dass er, wenn er Bedarf für das angebotene Produkt hat, auf Sie zurückkommt. Deshalb kommt es hier vor allem darauf an, sich als kompetenter Partner darzustellen, Kontakt zu halten und immer wieder das Image zu pflegen. Eine der Herausforderung für das Marketing besteht also darin, möglichst viele sinnvolle Anlässe für einen erneuten Kontakt zu kreieren.

3. **Ihre Prozesse:** Viele Vertriebler verlassen sich allein auf ihre Menschenkenntnis. Das ist zwar auch ein wichtiger Aspekt, jedoch kein Grund, es an Systematik mangeln zu lassen. Wenn Sie die Struktur des Akquisitionsprozesses (die Reihenfolge und Häufigkeit der Maßnahmen) genau planen, können Sie einerseits aussagekräftige Ergebnisse erhalten und z. B. ermitteln, wie viele Kontakte ein bestimmter Mitarbeiter braucht, um einen Neukunden zu akquirieren. Andererseits können Sie entsprechend gegensteuern, etwa wenn Sie gesehen haben, dass noch nicht ausreichende Maßnahmen angesetzt wurden, um schon einen Abschluss anstreben zu können.

4. **Ihre Organisation:** Wählen Sie Organisation aus, die zu Ihrer Vertriebsstrategie passt. Externe Vertriebsunterstützung eignet sich, wenn es sich um Einmalgeschäfte mit hohem Ertrag handelt. Bei kontinuierlicher Akquise übernehmen Sie am besten gleich selbst den Vertrieb. Dabei arbeiten Sie gleich an der Kundenbindung und profitieren doppelt von neuen Kunden.

5. **Ihre Ressourcen:** Gerade die Neukundengewinnung verschlingt enorme Kapazitäten, über deren Sicherstellung man sich im Voraus Gedanken machen sollte. Hilfreich kann es sein, den Innendienst in die Akquise einzubeziehen, um den Vertrieb nicht zu überlasten. Auch die Kundenbindung sollte eventuell vorübergehend reduziert werden, nach dem Motto: Man braucht mehr Kämpfer für den Angriff als für die Verteidigung. Außerdem bindet man Kunden schließlich nicht durch häufige Besuche, sondern durch gute Angebote.
6. **Ihre Positionierung:** Entscheiden Sie sich vor Beginn der Neukunden-Gewinnungskampagne, mit welchen Angeboten Sie Ihre künftigen Kunden locken wollen: mit günstigen Preisen, besonderen Produkten oder individuellem Service über alle Kanäle: Internet, Mail, Telefon, persönliche Besuche. Wenn Ihr Unternehmen in allen Bereichen gute Resultate erzielen soll, ist es sinnvoll, sich auf zwei Aspekte zu konzentrieren, auf die der Kunde primär hingewiesen wird, um den potenziellen Neukunden nicht zu überfordern.
7. **Ihre Führung:** Ihre strukturierte Neukunden-Akquisition muss sich natürlich auch in Ihren unternehmensinternen Organisation widerspiegeln. Erfassen Sie deshalb genau alle Aktivitäten, um Erfolgsquoten zu ermitteln und entsprechende Entlohnungssysteme zu installieren. Auch Ihre Fortbildung sollte sich mit dem Thema Neukundengewinnung intensiv beschäftigen.
8. **Ihre Umsetzung:** Es gibt viele Möglichkeiten zum Kundenkontakt: persönliche Besuche, Internet, Tele-Marketing (Call-Center), Couponanzeigen und Veranstaltungen bzw. Messen. Um erfolgreich zu sein, sollten Sie die Umsetzungsinstrumente selbstverständlich nach Ihrem Produkt oder Ihrer Dienstleistung und Ihrer anvisierten Verkaufsstrategie richten.
9. **Ihre Weiterbildung:** In der Neukundengewinnung kann Ihr Vertriebler mit unerwarteten Situationen konfrontiert werden. Das Gewinnen eines Neukunden erfordert weit mehr Überzeugungskraft und Wissen als die Verlängerung bereits bestehender Verträge. Entsprechend gut müssen also sie also ausgebildet sein. Hier helfen gezielte Qualifizierungen.

10. **Ihre Motivation:** Die Qualität im Vertrieb hängt von der Motivation ab. Wenn Sie wollen, dass Ihre Mitarbeiter den Kunden überzeugen, müssen Sie zunächst Ihre Außendienstmitarbeiter mitreißen. Ziehen Sie alle Register, verteilen Sie Anreize, machen Sie Mut. Nicht nur das Gewinnen eines Neukunden sollte gefeiert werden, sondern auch das Erreichen wichtiger Schritte im Akquisitionsprozess. So halten Ihre Mitarbeiter erfahrungsgemäß besser durch.

Vom Neukunden zum Stammkunden führt ein steiniger Weg.* Denken Sie im Hinblick auf eine langlebige Geschäftsbeziehung auch daran, dass neue Kunden meist besonders sensibel sind. Hier hilft es z. B. anzufragen, ob die Police gut angekommen ist, ob es etwas zu beanstanden gab etc. Das macht einen guten Eindruck und fördert die noch frische Beziehung.

An der systematischen Neukunden-Akquisition führt kein Weg vorbei. Wenn Sie sich schon frühzeitig darauf einstellen, wird Ihr Unternehmen davon profitieren.

- Durch die Neukunden-Akquisition können Sie Kundenverluste ausgleichen. Bei einer Beschränkung auf bestehende Kunden leiden Sie wahrscheinlich an einem Umsatzrückgang. Ein profitables Neugeschäft gibt Ihnen dagegen langfristige Planungssicherheit.
- Durch permanente Neukundengewinnung behalten Sie die Qualität Ihrer Leistungen sowie Ihre Konkurrenten im Auge. Durch die Neukundengewinnung betreiben Sie Marktforschung, die sich positiv auf Ihr Unternehmen und damit auf Ihre Konkurrenzfähigkeit auswirkt.

---

* **Literaturtipps:** Holger Dannenberg (2002): Neukundengewinnung; Peter Kenzelmann (2001): Neukundengewinnung durch Empfehlungsmarketing. Ein Praxisbuch für Verkauf und Marketing.

Wie Sie Empfehlungs-Marketing richtig einsetzen

Die Empfehlung von Freunden ist wichtigstes Kriterium bei der Wahl einer Versicherung. Denn Mundpropaganda spielt eine maßgebliche Rolle bei der Entscheidung für ein Versicherungsprodukt. Jedoch unterschätzen Finanzdienstleister bislang das Potenzial von Empfehlungen im On- und Offline-Bereich. Zu diesem Ergebnis kommt eine Studie des Brand Science Institute (BSI), in der 1.100 Teilnehmer zu ihrem Verhalten vor dem Abschluss einer Versicherung befragt wurden.

Mehr als drei Viertel der Befragten (77 Prozent) treffen ihre Wahl für eine Versicherung aufgrund von Empfehlungen aus dem Freundes- und Bekanntenkreis. Ausschlaggebend dafür ist, dass Freunde und Bekannte ein weit höheres Vertrauen genießen und nicht verkaufsorientiert sind. Vor allem bei jüngeren Konsumenten bis zu 35 Jahren sind zudem Bewertungen in Internet-Meinungsportalen wie Ciao.de entscheidend für die Wahl einer Versicherung.

„Versicherungsunternehmen investieren vorwiegend in klassische Werbung und Direktmarketing und verschwenden damit ihre Budgets für zum Teil wirkungslose Maßnahmen", so Dr. Nils Andres, Geschäftsführer des Brand Science Institute.* Denn nur 7 Prozent der Befragten entschieden sich aufgrund von TV-Werbung für eine Versicherung. Mehr als zwei Drittel (64 Prozent) bezeichneten E-Mails, Telefonanrufe, oder postalische Angebote von Vertretern sogar als „störend".

Der Versicherungsmakler genießt hingegen hohes Vertrauen. Mehr als die Hälfte der Befragten (58 Prozent) entscheiden sich aufgrund der individuellen Beratung ihres Ansprechpartners für eine bestimmte Versicherung. „Die Wahl einer Versicherung ist eng verknüpft mit Begriffen wie Vertrauen, Sicherheit und Vorsorge. Daher spielt der persönliche Austausch eine besonders große Rolle", so Andres. Er rät Anbietern, sich verstärkt mit Empfehlungs-Marketing auseinander zu setzen, um die Wirksamkeit der Kundenansprache und damit den Verkaufserfolg besser zu steuern.

Was früher also bereits erfolgreich war, gilt auch heute noch: Empfehlungen oder Mund-zu-Mund-Propaganda. Schlecht für diejenigen, die

---

* Mehr Infos zum Brand Science Institute unter www.bsi.ag

bei ihren Kunden einen negativen Eindruck hinterlassen. Denn sie gewinnen keine Neukunden per Empfehlung. Gut für diejenigen, die ihre Kunden bestens bedienen und sie zufrieden stellen.

Viele Wege führen zum Ziel

Die Neukundengewinnung ist ein kontinuierlicher Prozess. Jeder Vermittler braucht eine ausreichende Anzahl neuer Kontakte, um seine Leistungen zu präsentieren. Das ist die Voraussetzung, die angesteuerten Umsatzziele tatsächlich zu erreichen. Die Möglichkeiten zur Neukundengewinnung sind jedoch begrenzt: Egal, welcher Vertriebskanal gewählt wird, das oberste Gebot lautet immer: Stelle den Nutzen in den Vordergrund. Ein praktikabler und günstiger Weg zur Neukundengewinnung ist daher das Empfehlungs-Marketing.

„Willst du, dass man Gutes von dir sagt, so sage es nicht selbst."
(Blaise Pascal)

Was bringt Empfehlungs-Marketing?

Landläufig als Mund-zu-Mund-Propaganda bekannt, ist Empfehlungs-Marketing ein einfaches Marketing. Es gibt keinen kostengünstigeren Weg, Werbung in eigener Sache zu machen. Die Kunden tragen ihre persönlichen positiven Erfahrungen mit einem Angebot in ihrem beruflichen oder privaten Umfeld weiter. Damit erzeugen und verbreiten sie bereits einen positiven Eindruck. Darüber hinaus gibt es noch die Möglichkeit, dass ein Kunde eine Empfehlung generiert und sich daraufhin das Unternehmen selbst mit dem neuen potenziellen Kunden in Verbindung setzt. Empfehlungs-Marketing ist also die beste Werbung für Unternehmer. Durch die Empfehlung wurde bereits Überzeugungsarbeit geleistet und diese hat zudem nichts gekostet. Die Leistungen dürfen jedoch nicht nur akzeptabel sein. Sie müssen exzellent sein, damit der Kunde bereit ist, seine positiven Erfahrungen auch zu verbreiten. Umgekehrt gilt: Eine negative Erfahrung wird bis zu zehnmal häufiger weitererzählt als eine positive Erfahrung.

Ihre Vorteile durch Empfehlungsmarketing

Der Verkäufer ist bereits „vorverkauft". Ein Vertrauensbonus über den Empfehlungsgeber ebnet den Weg zum ersten persönlichen Kontakt. Alle anderen Methoden der Neukundengewinnung sind kaufmännisch betrachtet erheblich teurer. Daher verwundert es nicht, dass das Abschlussverhältnis bei Empfehlungskontakten höher ist als bei anderen Formen der Kundenakquise.

Wie erhalten Sie Empfehlungen?

Häufig lässt die Angst vor einer negativen Antwort den Verkäufer zögern, nach einer Empfehlung zu fragen. Dabei ist Empfehlungs-Marketing ein selbstverständlicher Bestandteil im Verkaufsprozess. Den idealen Zeitpunkt, um die Empfehlungsfrage zu stellen, gibt es nicht. Am häufigsten wird sie am Ende des Verkaufsgesprächs gestellt. Ergibt sich die Möglichkeit der Fragestellung im Gespräch, sollte dieser Augenblick genutzt werden. Jetzt geht es noch um die richtige Formulierung. Viele Verkäufer scheuen die Frage nach einer Empfehlung, weil sie nicht wissen, wie sie sich am geschicktesten ausdrücken sollen. Abhilfe schafft hier die Vorformulierung einer passenden Frage. Diese lässt sich je nach Gegebenheit leicht abwandeln. Wichtig ist dabei, dass man sich selbst treu bleibt. Dies gilt nicht nur für das gesamte Verkaufsgespräch, sondern besonders für die Empfehlungsfrage. Die Frage darf nicht klingen, als sei sie von einer anderen Person. Authentizität ist das A und O, dann endet das Gespräch nicht nur mit einem guten Gefühl, sondern auch erfolgreich. Leider hat Empfehlungs-Marketing ein eher schlechtes Image. Wer sich aber von der Vorstellung löst, dass nur dubiose Strukturvertriebe nach dem Empfehlungsprinzip funktionieren, wird damit auch erfolgreich arbeiten können.

Freundliche Hartnäckigkeit siegt!

Falls der Begriff „Empfehlung" negativ besetzt ist, kann man ihn einfach durch „um einen Gefallen bitten" ersetzen. Es geht schließlich nicht darum, dem Verkäufer Vorteile zu verschaffen. Vielmehr erweist der Kunde einem Bekannten einen Gefallen, indem er diesen über ein gutes Angebot informiert. Die Qualität der Empfehlung ist ein weiterer wichtiger Punkt. Durch geschicktes Fragen, z.B. „Wie kommen Sie spontan gerade auf sie/ihn?", erhält der Verkäufer wertvolle Hinweise. Mit jeder Zusatzinformation wächst zudem die Qualität der Empfehlung. Die Reaktion auf Einwände muss ebenfalls im Vorfeld des Gesprächs trainiert werden. Wenn auf die erste Frage nach einer Empfehlung geantwortet wird: „Da fällt mir momentan niemand ein", ist das aber noch kein Grund aufzugeben. Bereits das Wort „momentan" lässt die Möglichkeit, nochmals nachzuhaken. Berücksichtigen Sie bei einer Empfehlung alle daran beteiligten Parteien. Gleich nachdem man sich mit dem Empfohlenen in Verbindung gesetzt hat, muss der Empfehlungsgeber darüber informiert werden. Damit schließt sich der Kreis eines erfolgreichen Empfehlungs-Marketings.

Empfehlung durch Nutzen

Ist man von seiner Leistung überzeugt, dann fällt es nicht schwer, dem Kunden den Nutzen einer Empfehlung bewusst zu machen. Konkret gibt es drei Arten von Beispielen, wie man seinen Kunden den Nutzen einer Empfehlung näher bringen kann. So erläutert der Verkäufer seinem Kunden ein konkretes Beispiel aus seinem Berufsalltag. Name, Daten und andere vertrauliche Informationen werden selbstverständlich nicht genannt. „Mein Kunde war damals froh, dass er die KV-Zusatzversicherung bei mir abgeschlossen hatte. Anderenfalls hätte er viele Leistungen im Krankenhaus teuer bezahlen müssen!" Das Thema Empfehlung muss also gar nicht fallen. Es ist aber auch möglich, den Empfehlungsbezug direkt zu nennen: „Ich habe kürzlich mit einem Kunden gesprochen, der nur einen Termin mit mir vereinbart hatte, weil sein Kollege mich empfohlen hat. Zunächst war er recht skeptisch, aber nachdem wir seine Versicherungsunterlagen durchgegangen sind, stellte sich heraus, dass er durch eine Tarif-Änderung 300 Euro im Jahr sparen kann." Den meisten fällt die zweite Variante leichter, da das Nutzenbeispiel im Vordergrund steht und die Empfehlung bereits erwähnt wurde.

Wie Sie emotionale Hürden überwinden

Viele Verkäufer fragen nicht nach Empfehlungen Wer nach Empfehlungen fragt, ist kein Bittsteller. Leider sehen sich viele Verkäufer in dieser Rolle. Dann kommt der Gedanke auf: „Wir haben gute Produkte. Angebot und Nutzen sind auch in Ordnung, aber was soll der Kunde von mir denken, wenn ich diese Frage stelle?" Die Vorteile der Empfehlung liegen klar auf der Hand und gleichzeitig sperrt sich der Verkäufer emotional gegen die Umsetzung der Erfolgsstrategie. Durch die falsche Zielrichtung der Empfehlungsfrage wird ein solches Bittstellersyndrom noch genährt. Ein weiterer Grund, nicht nach Empfehlungen zu fragen, ist die Befürchtung, dass die Frage Bedenken weckt und der Auftrag nicht erteilt wird. Außerdem kann es sein, dass die Empfehlung im Gespräch schlicht „vergessen" wird, weil die Freude über den erreichten Abschluss einfach überwiegt.

Damit Kundengewinnung durch Empfehlungs-Marketing gelingt

Leo Burnett, ein amerikanischer Werbeleiter, hat einmal gesagt: „Sagt den Leuten nicht, wie gut ihr die Güter macht, sagt ihnen, wie gut eure Güter sie machen."

Wer auf Empfehlungen setzt ...

... kann auf Kaltakquise verzichten.

... macht effektivste Werbung zum Nulltarif.

... erschließt den Kontakt zu „Noch-nicht-Kunden".

... schafft eine echte Win-win-Situation zu seinem Kunden, dem Empfohlenen und sich selbst!

Beleben Sie Ihre Akquise durch Networking

Finanzdienstleister brauchen Vitamin B. Ein persönliches Netzwerk sorgt für neue Kunden, Mitarbeiter und Geschäftspartner. Eine wichtige Stärke erfolgreicher Menschen ist ihr effektives Beziehungsnetzwerk. Diese sind weit mehr als nur feucht-fröhliche Zirkel. Sie sind in erster Linie unternehmerische Treffen. Suchen Sie sich also aktive Netzwerke in Ihrer Region wie: Unternehmerstammtische, Wirtschaftsclubs und

Mittelstandsverbände. Denken Sie auch an Institutionen wie IHK, Wirtschaftsjunioren und Wirtschaftsförderung. Wenn Sie sich einen exklusiven Rahmen wünschen und auch soziale Verantwortung übernehmen möchten, sind auch Clubs wie Rotarierer oder Lions interessant. Wenn Sie regionale Kontakte für den Freizeitbereich suchen, schauen Sie in den „Gelben Seiten" nach Gesangs-, Sport- oder Wandervereinen. Machen Sie sich schlau und sammeln Sie Informationen und Erfahrungsberichte, bevor Sie dort Zeit als Gast investieren.

Netzwerker sind Menschen, die ein Beziehungsnetz aktiv aufbauen und gewinnbringend einsetzen. Networking meint Aufbau und Pflege eines Beziehungsgeflechts von Personen, die sich kennen, sich informieren, sich in ihrer Karriere fördern und sich andere Vorteile verschaffen. Ein Netzwerk hilft, neue Kunden oder einen neuen Job zu finden. Der Großteil der Stellen in den höheren Etagen wird über Kontakte besetzt und nicht durch Stellenausschreibungen. Jedoch müssen natürlich auch Kriterien wie Qualifikationen, Leistung, Erfahrung erfüllt sein.

Viele Menschen haben Vorbehalte gegen Networking, weil sie es mit „Vetternwirtschaft" verbinden. Doch es gibt einen Unterschied: Beim Networking geht es darum, den anderen von den eigenen Qualitäten zu überzeugen. Nur wenn sich beide Partner schätzen, entsteht eine fruchtbare Beziehung. Bei der Vetternwirtschaft wird keinen Wert auf die Leistung gelegt. Hier geht es allein darum, eigenen Bekannten Vorteile zu verschaffen. Erfolgreiches Networking ersetzt also keine gute Arbeit. Aber: Wenn Ihre Leistungen stimmen, ist Networking der entscheidende Pluspunkt. Dann hilft Ihnen ein stabiles Netzwerk, Ihren Konkurrenten immer eine Nasenlänge voraus zu sein.

Der Aufbau und die ständige Pflege des eigenen Netzwerkes ist eine aufwändige und zeitintensive Aufgabe. Sie beschäftigt den Netzwerker das ganze Leben. Immer wieder müssen aktive Kontakte aufgefrischt, passive Kontakte reaktiviert oder gestrichen und durch neue Partner ersetzt werden. Das kostet einiges an Zeit, Geld und Kommunikation. Dabei handelt es sich jedoch um nachhaltige Zukunftsinvestitionen mit Gewinnpotenzial. Vorausgesetzt, man geht es professionell an!

Wie funktioniert erfolgreiches Networking?

Ein Netzwerk basiert auf Vertrauen und fairen Spielregeln, an die Sie sich halten müssen, wenn Sie Erfolg in einem Netzwerk haben wollen. Hier folgen einige Tipps für Sie:

1. Haben Sie Geduld und investieren Sie Zeit. Networking wirkt langfristig. Es reicht nicht aus, wenn Sie für ein Problem kurzfristig eine Lösung suchen und auf den schnellen Erfolg setzen. Beziehungen benötigen Zeit, um sich zu entwickeln.
2. Die Goldene Regel: First give, then take! Nach dem Motto „Geben und Nehmen" sollten Sie in einem Netzwerk Informationen geben und von Ihren Partnern erhalten.

Netzpartner sind flexibel und kostengünstig. Sie verursachen keine Kosten und stellen nicht für jede Dienstleistung eine Rechnung. Den Austauschprozess in einem Netzwerk kann man mit einem Basar vergleichen. Sie müssen einen Input anbieten, denn einseitige Tauschgeschäfte haben keine lange Lebenszeit. Aber überlegen Sie mal, wie oft Sie Ihr Know-how an Gesprächspartner weitergeben, die es nicht zu schätzen wissen. In einem Netzwerk befinden sich meist nur Menschen, denen das Know-how anderer wichtig ist. Sie erhalten somit einen Markt, in dem Ihr Wissen als Tauschware geschätzt wird. Ähnlich wie bei Investitionen am Aktienmarkt kommt es hierbei natürlich auch auf das richtige Portfolio an. Bauen Sie Ihr eigenes Netzwerk so auf, dass es auch genügend „Tausch-Interessenten" gibt. Wichtig für Ihre Auswahl sind branchenübergreifende Netzwerke! Denn hier finden sich meist potenzielle Kunden für Ihr Unternehmen oder aber Partner für Kooperationen. Der viel wichtigere Grund ist jedoch der potenzielle Pool an neuen Impulsen. Wenn Sie die Gespräche unter dem Aspekt verstehen: „Was kann ich davon für mich anwenden", wächst ihre Kreativität und Sie können für Ihr Unternehmen neue Ideen und Möglichkeiten entwickeln.

Häufigere Stellenwechsel sind heute üblich. In Netzwerken wie Xing sind viele Headhunter aktiv. Deshalb ist gerade jetzt wichtig, sich ein gut funktionierendes Netzwerk aufzubauen. Dazu gehört heute jedoch weit mehr, als Kontakte am Stammtisch zu pflegen oder seine Visitenkarten an den Mann oder die Frau zu bringen. Allerdings ist nicht jeder von Natur aus ein Netzwerker. Gesunder Menschenverstand und Sozialkompetenz sollten vorhanden sein. Dann kann jeder auf seine ganz persönliche Weise erfolgreich netzwerken. Man muss sich allerdings dafür öffnen. Deshalb ist es für jemanden, der introvertiert ist und noch nicht so viel Erfahrung mit Networking hat, besser, man verabredet sich zunächst mit einer einzelnen Person auf einem Treffen. Durch das Erfolgsgefühl wird die Motivation verstärkt, man unternimmt mehr und so kommt ein positiver Kreislauf in Gang.

Beim Networking muss jeder seine eigene Erfolgsformel finden. Es kommt auf das ganz persönliche Netzwerk an – auf die Leute, die man kennt, und die Menschen, die man über diese Leute kennen lernen kann. Netzwerke wie Xing eröffnen Chancen, das eigene persönliche Netzwerk zu erweitern. Wenn das jedoch nicht funktioniert, dann nützt die schönste Mitgliedschaft nichts. Selbstständige und Angestellte brauchen funktionierende Netzwerke. Fangen Sie direkt an: Gehen Sie mit Geschäftspartnern Mittag essen. Business Lunch ist eine ganz einfache Weise, ohne dass es zusätzliche Zeit kostet, das eigene Netzwerk zu erweitern und Kontakte zu festigen. Heute gewinnt Networking über Online-Communities wie Facebook, LinkedIn und Xing an Bedeutung. Der Marktführer in Deutschland ist eindeutig Xing mit rund sieben Millionen Mitgliedern, von denen 550.000 Mitglieder die Premium-Funktionen nutzen.

Wie Sie Ihr eigenes virtuelles Netzwerk aufbauen

Ein professionelles Netzwerk bietet weit mehr als ein Verzeichnis von Kontakten. Mitglieder finden auf den virtuellen Plattformen Jobs, Aufträge, Mitarbeiter, Kunden und Ideen. Die Erfahrung des letzten Jahres zeigt, dass Business-Netzwerke gerade in der Wirtschaftskrise kräftig wachsen, da viele Menschen die neue Möglichkeit nutzen, in wirtschaftlich schwierigeren Zeiten über ein persönliches Kontaktnetzwerk neue berufliche Perspektiven zu entwickeln.

Business-Netzwerke bieten auch spezielle, zum Teil international ausgerichtete Fachforen. Finanzdienstleister können hier dann z.B. in eigenen Maklernetzwerken über Themen wie: EU-Richtlinien, Haftung und oder den Einsatz von Software diskutieren. Hier können Sie Ihre Kompetenz und Ihren Expertenstatus demonstrieren.

Nach der Erstellung eines eigenen Profils – hier sollten Sie sich wirklich ausreichend Zeit nehmen, um eine interessante Präsentation der eigenen Person zu veröffentlichen – können Sie sich zudem bei einigen Netzwerken über Regionalforen auf die Suche nach interessanten Geschäftspartnern, Freunden und Bekannten begeben. Bei realen Treffen von Regionalforen haben Sie dann die Chance, im direkten Gespräch zu prüfen, ob die Chemie zur Zusammenarbeit stimmt.

Zehn Tipps zum erfolgreichen Networking

Nur wer sich Zeit für das Networking nimmt und seine Beziehungen pflegt, kann auch auf erfolgreiche Unterstützung hoffen. Einige Tipps zur Kontaktpflege im Networking:

1. Achten Sie bei der Wahl der Plattform auf Ihre eigenen Bedürfnisse und Wünsche: Was oder wen suchen Sie: Kunden, Experten, Mitarbeiter oder Kollegen? Berufs- und branchenspezifische Netzwerke eignen sich zum fachlichen Austausch, gemischte Netzwerke bieten mehr Chancen auf Jobs und Aufträge.
2. Füllen Sie Ihr Profil detailliert aus und ergänzen Sie es mit einem professionellen Foto. Suchen Sie gezielt nach Kontakten, die Ihren Vorstellungen entsprechen. Machen Sie bei der Kontaktaufnahme deutlich, welchen Nutzen der andere vom Kontakt hat.
3. Geben und nehmen Sie. Es macht keinen Sinn, sich auszunutzen zu lassen, aber auch nicht, jedes Angebot auszuschlagen.
4. Seien Sie nicht nur Nutznießer, sondern bringen Sie sich aktiv mit Ihrem Erfahrungsschatz ein.
5. Ergreifen Sie selbst die Initiative und warten Sie nicht, bis Sie gefragt werden.
6. Was wünschen sich die anderen? Nehmen Sie Ihr Ego auch einmal zurück.
7. Kleine Aufmerksamkeiten, persönliche Briefe oder Postkarten schenken Freude.
8. Denken Sie an Geburtstage und besondere Ereignisse, zu denen Sie gratulieren.
9. Bauen Sie neben dem virtuellen auch ein reales Netzwerk auf.
10. Reagieren Sie auf Einladungen. Sagen Sie rechtzeitig zu oder ab. Wenn Sie zusagen, gehen Sie auch zur Veranstaltung und seien Sie pünktlich.

Fazit: Zeiteinsatz, Geduld und Beharrlichkeit im Networking zahlen sich aus. Mit Networking kann man berufliche, private und persönliche Aspekte verbinden: Jobs finden, Karriere machen, Aufträge erhalten, Freunde gewinnen und gemeinsame Hobbys pflegen. Das Fundament sollte immer Spaß, Freundschaft und persönlicher Austausch sein. Networking im Internet ist effektiv, und wer es geschickt nutzt, profitiert enorm davon. Heute gibt es virtuelles Networking mit Online-Communities wie Facebook, LinkedIn und Xing. Erfolgreiche Networker verbinden virtuelles Networking mit regionalem Networking. Denn wie überall im Geschäftsleben gilt auch für das Networking: Menschen kaufen von Menschen. Und deshalb muss die Chemie stimmen.

Akquise-Trichter zur Kundenselektion

Wie Sie Erstaufträge gewinnen

Versicherungsvermittlung ist gekennzeichnet durch eine monatelange Vorlaufphase. Bevor sich ein Kunde dauerhaft an einen neuen Vermittler bindet, will er ganz sichergehen, sich richtig zu entscheiden. Damit Sie Ihr Ziel, nicht aus den Augen verlieren, ist es hilfreich, den komplexen Prozess in verschiedene Phasen einzuteilen.* So wissen Sie immer, wo Sie gerade stehen. Strukturieren Sie die Kundengewinnung im Projektvertrieb als Verkaufstrichter, in dem Sie sich Schritt für Schritt für den Abschluss vorbereiten:

Phase 1 – Aufbau einer Neukunden-Pipeline: Sie scannen die Zielmärkte nach Kontaktdaten potenzieller Kunden, sichten z.B. die Branchenverzeichnisse im Internet oder kaufen Kundendaten von Anbietern wie Schober.

Phase 2 – Kontaktaufnahme: Finden Sie heraus, ob es früher schon einmal Kontakt zu einem potenziellen Kunden gegeben hat, an den Sie anknüpfen können. Wenn nicht, dann suchen Sie Anknüpfungspunkte. Wenn möglich, ermitteln Sie telefonisch den Bedarf.

Phase 3 – Kundenselektion: Gewichten Sie die Kontakte je nach Abschlusswahrscheinlichkeit in

- A-Kontakte mit einem Abschluss in weniger als drei Monaten.
- B-Kontakte mit einem Abschluss in drei bis sechs Monaten.
- C-Kontakte mit einem Abschluss nach einem halben Jahr.

Dabei gibt es keine Standardlösungen. Sie erhalten neue Kunden nur, wenn Sie sich nachweislich auf den Kunden einstellen. Machen Sie deshalb noch vor der eigentlichen Präsentation mit dem potenziellen Kunden einen Termin aus, um die Gegebenheiten vor Ort zu erfassen und Ihre Fragen zu stellen. So können Sie Ihre Standardpräsentation mit kundenspezifischen Bezügen anreichern.

* **Literaturtipp:** Rolf Leicher (2005): Fit für die Neukundengewinnung: Vom ersten Kontakt zum ersten Auftrag.

So strukturieren Sie Ihren kundenorientierten Beratungsprozess

Gehen Sie systematisch im Beratungsprozess vor, um neue Kunden zu gewinnen und zu binden:

1. **Erfassen Sie** bestehende Versicherungen und Finanzierungen.
2. **Ermitteln Sie** den Versicherungs- und Finanzierungsbedarf. Dazu zählt die Ermittlung der Finanzen, Familienstruktur, des Absicherungsbedarfs gegen Krankheit, Unfall, Alter und Tod sowie die Frage nach Wünschen und Träumen wie einem Immobilienerwerb oder einer Kreuzfahrtschiff-Reise im Alter. Ziele des Kunden können auch der Wunsch nach Familiengründung oder das Aussteigen aus dem Beruf sein.
3. **Präsentieren Sie** eine maßgeschneiderte Versicherungs- und Finanzierungsanalyse, die mit wenig Aufwand besten Versicherungs- und Vorsorgeschutz bietet. Es ist heute längst nicht mehr so, dass ein Vertrag schon so gut wie sicher ist, sobald Sie von potenziellen Kunden die Gelegenheit bekommen, Ihre Lösung zu präsentieren. Manche nutzen Präsentationen einfach, um sich über Trends und Innovationen zu informieren, noch ohne konkrete Kaufabsicht. Passen Sie Ihre Präsentation inhaltlich und optisch dem Kunden an. Erläutern Sie Ihre Lösung anhand von Beispielen aus dem Lebensumfeld des Kunden. Eine Präsentation macht nur Sinn, wenn alle Entscheider (auch Ehepartner) anwesend sind. Klären Sie dies vor Ihrem Besuch.
4. **Formulieren Sie ein schriftliches Angebot:** Die Ergebnisse des Gesprächs münden in das Angebot. Es enthält damit schon in weiten Teilen die Konzeption der späteren Lösung. Das Angebot enthält die Probleme des Kunden und Ihre Lösungsvorschläge.
5. **Erläutern Sie das Angebot:** Nachdem das schriftliche Angebot vorliegt, erläutern Sie dem Kunden bei Bedarf der Leistung. Je länger sich die Entscheidung jetzt verzögert, desto gefährdeter wird der Abschluss. Bleiben Sie in dieser Phase präsent. Erkundigen Sie sich freundlich, aber hartnäckig nach dem Status. Helfen Sie bei Fragen, Zögern, Unsicherheiten.
6. **Sorgen Sie nach dem Abschluss für eine kontinuierliche Betreuung** Ihrer Kunden zu allen finanziellen Fragen wie Versicherungen, Finanzierungen und Kapitalanlagen.

Juristische Fallstricke in der Kaltakquise

Kaltakquise kann richtig teuer werden. Im August 2009 ist das „Gesetz zur Bekämpfung unerlaubter Telefonwerbung und zur Verbesserung des Verbraucherschutzes bei besonderen Vertriebsformen" in Kraft getreten. Damit können bei unerlaubten Werbeanrufen Geldbußen verhängt werden, wenn diese ohne vorheriges, ausdrückliches Einverständnis des Verbrauchers getätigt werden oder die Rufnummer unterdrückt wird. „Unerwünschte Telefonwerbung hat sich zu einem die Verbraucher erheblich belästigenden Problem entwickelt", erklärt das Bundesministerium der Justiz (BMJ). Obwohl derartige Telefonwerbung ohne vorheriges Einverständnis nach dem Gesetz gegen den unlauteren Wettbewerb (UWG) bereits seit etwa fünf Jahren verboten ist, können erst mit dem heute in Kraft getretenen Gesetz auch Geldstrafen verhängt werden.

Damit droht jetzt bei Verstößen gegen verbotene unerlaubte Telefonwerbung gegenüber Verbrauchern eine Geldbuße bis zu 50.000 Euro. Unterdrückt ein Anrufer bei Werbeanrufen seine Rufnummer, kann dies mit 10.000 Euro Geldbuße geahndet werden. Nach BMJ-Angaben können beispielsweise die Verbraucherzentralen oder die Zentrale zur Bekämpfung des unlauteren Wettbewerbs e.V. vorgehen. Dazu sei jedoch die Mithilfe der betroffenen Verbraucher notwendig. Darüber hinaus werden auch Informationen über Datum und Uhrzeit des Anrufs benötigt sowie eine Erklärung, dass man sich nicht im Vorfeld einverstanden erklärt hat, von dieser Firma angerufen zu werden. Zudem müsse man neben seinen Kontaktdaten auch sein Einverständnis geben, dass die Verbraucher- oder Wettbewerbszentrale die anrufende Firma in Bezug auf den geschilderten Anruf abmahnt. Weitere Infos zum Umgang mit unerlaubter Telefonwerbung finden sich auf der Website vom Bundesministerium der Justiz.

Umdenken in der Neukunden-Akquise

Sie wollen beim Kundenkontakt keine Geldbuße riskieren? Dann sollte bereits vor dem Griff zum Hörer die Einwilligung des Kunden vorliegen. Das hat zur Folge, dass die Neukunden-Akquise durch „Cold calls" extrem teuer wird. Bieten Sie dagegen einem Bestandskunden eine Leistungs-, Tarif- oder Produkt-Verbesserung an, so dürfte ein solcher Anruf vom Kunden wohl nicht als belästigend empfunden werden. Immer mehr Versicherer gehen jedoch auch hier auf Nummer sicher und haben im Kleingedruckten der Verträge eine solche nachträgliche Kontaktaufnahme vorgesehen oder lassen sich dieses mit einer gesonderten Unterschrift im Versicherungsantrag vom Kunden bestätigen (Versicherungs-Journal 9. 8. 2009).

Wie Sie Kunden in Ihrer Region gewinnen

Wie schaffen Sie es, in Ihrer Region neue Kunden zu gewinnen? Ländliche Regionen sind für das Marketing keinesfalls Inseln der Glückseligkeit. Hier ist der Konkurrenzdruck genauso stark wie in Ballungsräumen: Einerseits dominieren große Gesellschaften mit ihrem bundesweiten Agenturnetz, anderseits kleine und mittelgroße ortsansässige Finanzdienstleister mit Tradition und Beziehungen. Sie haben nur eine Chance zum Erfolg: Sie setzten Ihre Stärken gekonnt im regionalen Wettbewerb ein! Spielen Sie Ihre Trümpfe aus, dann haben Sie auch gegen die Großen eine Chance. Um im harten Wettbewerb zu bestehen, sollten Sie sich also Ihre Stärken besinnen: starke Markt- und Kundennähe, enge Kundenbeziehungen, Flexibilität und Kunden sowie Service-Orientierung.

Mit Ihrer regionalen Marke bieten Sie Leistungen an, die sich von der Konkurrenz deutlich abheben. So gewinnen Sie einen konkreten Mehrwert für Ihre Positionierung. Beim Einsatz Ihres Marketing-Budgets sollte Effizienz an erster Stelle stehen. Verzichten Sie auf klassische Werbung – große Unternehmen sind darauf angewiesen, da sie nicht die nötige Kundennähe besitzen. Setzen Sie stattdessen auf PR, Beziehungs-Marketing, Events und Sponsoring. Halten Sie durch Direktmarketing-Aktionen kontinuierlich Kontakt mit Ihren Kunden. Wichtig ist, dass Sie nicht den gesamten Markt bearbeiten, sondern sich auf besonders ertragreiche Kunden konzentrieren.

Versicherungsagenturen, die lokal agieren und Marketing-Entscheidungen nur aus dem Bauch heraus treffen, landen sicher auch mal den einen oder anderen „Glückstreffer" – der Erfolg bleibt jedoch ein Produkt des Zufalls. Mit einem fundierten Konzept, das auf einer langfristigen Strategie aufbaut, lässt sich Ihr Marketing-Erfolg systematisch planen und die Zukunftsfähigkeit Ihres Unternehmens langfristig sichern. Eine regionale Marke aufzubauen bedeutet, grundlegende strategische Überlegungen zu entwickeln, ist aber in der Umsetzung mit geringen Kosten verbunden. Eine starke regionale Marke schützt Sie gegen die Preisangriffe der Mitbewerber.

- Durch PR pflegen Sie Marke, Bekanntheit und Image. Durch Direktmarketing stärken Sie die Kundenbindung. Mit treuen Kunden und ein gutes Image sichern Sie langfristig Ihre Umsätze.
- Nutzen Sie das Internet für Ihre PR-Arbeit. Eine eigene Website wird heute von Unternehmern erwartet. E-Mail-Marketing ist ein gutes Mittel, z.B. durch regelmäßige Newsletter. Insgesamt verlagert sich die Kommunikation immer mehr vom Print- in den Online-Bereich.
- Durch Marketing-Kooperationen mit anderen Unternehmen senken Sie die Werbeausgaben und steigern die Effizienz Ihres Marketings.

Ihre lokale Marketing-Strategie

Sie wollen Ihr knappes Marketing-Budget möglichst gewinnbringend einsetzen. Konzentrieren Sie sich deshalb auf Ihre Region und Ihre Wunschkunden. Um Ihr Marketing auf die Kunden-Bedürfnisse abzustimmen, sammeln Sie möglichst viele Informationen vor Ort. Einen repräsentativen Anteil Ihrer Zielgruppe finden Sie direkt in Ihrem Büro. Durch die täglichen Kundengespräche kennen Ihre Mitarbeiter einen Großteil der Kunden persönlich. Dieses Wissen sollten Sie systematisieren sammeln, indem Sie z.B. eine Befragung durchführen und die Ergebnisse für eine Stärken-/Schwächen-Analyse nutzen, siehe oben: „SWOT-Analyse".

„Unsere Kunden vertrauen uns, weil ..."

Die Stärken können Sie in Ihrer Marketing-Kommunikation besonders hervorheben: Ihre aus der Befragung abgeleitete Botschaft könnte beispielsweise lauten: „Unsere Kunden vertrauen uns, weil ...". Die Schwächen aus Kundensicht sollten für Sie Anlass zu Verbesserungen in den genannten Bereichen sein. Bei Ihren Marketing-Aktivitäten sollten Sie nie aus den Augen verlieren, was die Wettbewerber tun. Gerade in einem lokalen oder regionalen Markt sind Kunden schnell an einen anderen Anbieter verloren. Weitere strategische Eckpfeiler eines regionalen Marketings sind:

- Vermeiden Sie Imitationen und seien Sie „unique", also: „unverwechselbar" und einzigartig.
- Konzentrieren Sie sich auf Ihre Kompetenzen, die Ihre Wettbewerber schwer imitieren können.
- Gestalten Sie Ihr Leistungsspektrum klein und gut, also bieten Sie nicht zu viel an, aber seien Sie in dem, was Sie tun, richtig gut.

Flexible Preisstrategie

Zeigen Sie bei Ihrer Preisgestaltung große Flexibilität. Daran mangelt es den großen Unternehmen oft. Nutzen Sie die Möglichkeit, Preise und Konditionen flexibel zu verhandeln. Gehen Sie dabei aber systematisch vor und belohnen Sie nur Ihre treuen Kunden mit Sonderkonditionen oder kleinen Zugaben. Bei reinen Gelegenheitskäufern sind Rabatte dagegen verschenkt. Unterscheiden Sie also Stammkunden und Schnäppchenjäger in Ihrer Preis-Strategie.

Wie Sie Ihren regionalen Bekanntheitsgrad aufbauen

Markenaufbau und -pflege ist keinesfalls nur etwas für internationale Konzerne wie Coca Cola. Zum Aufbau einer Marke bedarf es nicht unbedingt hoher Budgets. Um weltweit bekannt zu sein, sind massive Werbe-Investitionen notwendig, um möglich flächendeckend präsent zu sein. Regionale Unternehmen dagegen sind nah am Markt und am Kunden. Um eine regionale Marke aufzubauen, brauchen Sie deshalb nicht den Umweg über Werbung zu gehen. Eine starke regionale Marke bauen Sie vor allem direkt auf – durch das Verhalten Ihre Mitarbeiter im Kundenkontakt.

Nutzen Sie auch Ihre Website, um Ihr Unternehmen zu positionieren. Nur selten verfügen kleine Betriebe bereits über ein klares Markenprofil. Der erste Schritt auf dem Weg zur regionalen Marke besteht darin, das Einzigartige Ihres Unternehmens zu betonen. Nutzen Sie die Chancen zur Markenbildung, denn Marken schaffen Vertrauen. So bekommen Sie einen Schlüssel zur Kundenbindung an die Hand. Ihre Markenbildung verringert die Preis-Sensitivität Ihrer Kunden und schützt Sie so vor ruinösen Preiswettbewerben.

Regionale Kundennähe richtig nutzen

Erfolgreiches Regional-Marketing spart Ihr Budget. Achten Sie auf eine hohe Qualität Ihrer Leistungen und bieten Sie darüber hinaus umfassenden Service an. Ständige Erreichbarkeit für Kunden wird immer wichtiger, deshalb sollten Sie auch beispielsweise schnell auf Mailanfragen reagieren. Unterstützen Sie Ihre Kundennähe durch Direktmarketing. Halten Sie durch regelmäßige Mails Kontakt zu Ihren Kunden. Auch durch Ihren Newsletter stärken Sie Ihre Kundenbindung.

Zudem sollte Öffentlichkeitsarbeit in Ihrem Maßnahmen-Mix einen hohen Stellenwert einnehmen. Dazu gehören Informationen an die lokalen Medien ebenso wie regelmäßige Veranstaltungen wie ein „Tag der offenen Tür" oder andere Events. Beziehungs-Marketing ist besonders im regionalen Markt entscheidend. Bauen Sie persönliche Kontakte zu den regionalen Medien auf und auch zu wichtigen Entscheidungsträgern. Pflegen Sie diese Beziehungen. Bei Regionalsponsoring sollten Sie darauf achten, dass die gesponserten Projekte im Sport-, Kultur oder Sozialbereich einen Bezug zu Ihrem Unternehmen aufweisen und Sie damit Ihre Zielgruppe erreichen.

Wie Sie Marketing-Kooperationen gewinnbringend einsetzen

Marketing-Kooperationen liegen im Trend, vor allem weil sich dadurch Kosten einsparen lassen. Auf regionaler Ebene werden sie jedoch noch selten eingesetzt. Einige Agenturen kooperieren beispielsweise mit Autohäusern. Beim Kauf eines Autos wird gleich eine Empfehlung zur Kfz-Versicherung vom Versicherungsvermittler XY mitgeliefert. Andere Finanzdienstleister kooperieren beispielsweise mit Golfclubs, um vermögende Mitglieder zu erreichen.

Guerilla-Marketing erzielt kostengünstige Aufmerksamkeit

Wie Sie mit geringen Marketing-Investitionen große Wirkung erzielen

Für eine erfolgreiche Werbestrategie brauchen Sie kein riesiges Budget. Durch Guerilla-Marketing lassen sich auch mit kleinen Etats große Erfolge verbuchen. Dazu müssen Ihre Ideen originell sein, um sich von der Standardwerbung Ihrer Wettbewerber abzuheben.

Große Erfolge zu kleinen Preisen

Guerilla-Marketing nutzt die Erfolgsrezepte aus dem Guerilla-Kampf. Che Guevara, einer der wohl populärsten Guerilla-Kämpfer unserer Zeit, kämpfte für seine Überzeugung und die Befreiung Kubas mit überraschenden und flexiblen Taktiken. Den Vorteil des Überraschungseffekts macht sich das Guerilla-Marketing zu nutze. Dabei geht es nicht um Eroberungen, sondern vielmehr darum, das Interesse potenzieller Kunden zu erregen. Wer sich das jedoch so einfach vorstellt, täuscht sich! Für einzelne Unternehmen ist es in der heutigen Informationsflut sehr schwierig, zum Kunden vorzudringen. Guerilla-Marketing ist dagegen die Kunst, dem Konsumenten größtmögliche Beachtung durch unkonventionelles bzw. originelles Marketing zu entlocken. Für Finanzdienstleister ist besonders das Low-Budget-Marketing empfehlenswert. Allerdings sollte es in eine strategische Marketing-Basis eingebettet sein, um keine Schäden am Marketing oder an der Souveränität zu erleiden. Auch Maßnahmen aus dem Online- und Offline-Marketing sind empfehlenswert. Guerilla-Marketing ist jedoch mehr. Es ist die enthusiastische Geisteshaltung, die im Guerilla-Marketing besonders bedeutungsvoll ist. Dies schafft eine freudige Erregung, Faszination und Begeisterung. Die Kraft, die darin liegt, lässt sich übertragen und es ist einfach, andere damit anzustecken. Liegt beispielsweise in einem Geschäft Enthusiasmus in der Luft, können auch Verkäufer diese positive Stimmung spüren. Denn beschwingte Verkäufer, die das, was sie verkaufen auch mögen, infizieren weitere Kunden auf natürliche Art und Weise. Diese verspüren dann auch das Bedürfnis, das Produkt zu kaufen. Enthusiasmus zu verbreiten hat gleichzeitig auch mit der klassischen Service-Dienstleistungsmentalität zu tun. Denn zufriedene Mitarbeiter, die auch von den Produkten begeistert sind, können ihre Kunden freundlicher und engagierter beraten und überzeugen. Dieser Optimismus wirkt sich äußerst positiv auf die Kunden aus. Empfehlungen werden durch Mund-Propaganda weitergegeben und damit wird auch der Umsatz positiv beeinflusst.

Che Guevara

Ein Praxisbeispiel:

Sixt wurde durch Guerilla-Marketing zum Marktführer. Seine Werbe-Aktionen sind mutig und provokant. Sixt hat damit nicht nur viel Aufmerksamkeit, sondern vor allem viele neue Kunden gewonnen und wurde so zur Nummer eins der Branche.

Einfallsreichtum: Die zündende Idee

Die geniale Idee für die richtige Guerilla-Marketing-Aktion ist in der Regel einfach, clever und wirkungsvoll. Die Herausforderung ist jedoch, diese erst zu finden. Brainstorming bietet eine gezielte Methode, kreative und ungewöhnliche Einfälle zu sammeln. Weitere Möglichkeiten, um Geist und Gedanken auf Hochtouren zu bringen, ist das Lesen. Neue Eindrücke von anderen Kulturkreisen oder von historischen Ereignissen bereichern den eigenen Horizont in ungeahnter Weise. Routine ist negativ für die Vorstellungskraft. Erst neue Erlebnisse, die in unbekannten Gefilden gemacht werden, verschaffen neue Impressionen. Beobachtung und Aufmerksamkeit sind also kluge Möglichkeiten, sich neue Ansichten zu erwerben. Ideen, Einfälle, Gedanken und Ansichten sollten als Notiz festgehalten werden. Auch Gespräche mit Kollegen und Freunden helfen, gewonnene Erkenntnisse in Marketing-Ideen umzuwandeln. Die Ergebnisse sollten auch hierbei aufgeschrieben werden, um einen Ideenvorrat anzulegen. Wie Unternehmen Guerilla-Marketing einsetzen Erfolgsgeschichten im Marketing sind rar geworden. Oft bestätigt sich die These von Henry Ford: „Die Hälfte der Werbung ist rausgeworfenes Geld. Man weiß nur nicht, welche Hälfte." Controlling hilft nicht unbedingt weiter. Sind doch viele Marketing-Ziele wie Image, Vertrauensaufbau und Bekanntheitsgrad weiche, nicht messbare Faktoren. Dennoch bringen sie kontinuierlich eingesetzt den Erfolg durch Markenaufbau. Auf Marketing zu verzichten, ist aber auch keine Lösung: „Wer aufhört zu werben, um Geld zu sparen, der kann auch seine Uhr anhalten, um Zeit zu sparen", sagte Henry Ford. So bleibt die Frage, wie man das Budget sinnvoll im Marketing-Mix aufteilt. Die Frage stellt sich also, ob Guerilla-Marketing neue Ansätze eröffnet.

Guerilla braucht Cleverness

Guerilla-Marketing ist eine neue Form der Kundenansprache, die nicht wie klassische Werbung im Rahmen fester Werbeblöcke funktioniert. Guerilla-Werbung hat dynamischen Charakter! Das heißt, die Zielgruppe wird mit genialen, aber einfachen Aktionen überrascht. Die Werbebotschaft prägt sich emotional ein. Diese Methode stellt die bisherigen Werbeprinzipien in den Schatten. Guerilla-Marketing baut auf außergewöhnliche Handlungen mit einem nachfolgenden, umso größeren Aha-Effekt: „Was soll denn das?" oder: „Was machen die denn da?" Guerilla-Aktionen verlaufen daher überwiegend spontan. Sie sprechen beim Publikum die Sinne und Gefühle an. Deshalb wird diese ungewöhnliche Markenwerbung immer beliebter, denn nichts prägt sich so fest im Gedächtnis des Kunden ein wie eine emotionale Ansprache. Mit dunklen Business-Anzügen und Designer-Krawatten saßen Männer und Frauen auf den Straßen der Münchener Innenstadt und reckten Passanten in Obdachlosenmanier Bettelbeutel und Schilder mit der Aufschrift „Alles zur Riester-Rente" entgegen. Die eindeutige Botschaft war: „Auch Besserverdienende müssen sich um ihre Altersvorsorge kümmern." Mit dieser Kampagne machte eine große Tageszeitung auf ihre Webseite mit dem Themenschwerpunkt Riester-Rente aufmerksam. Die Aktion bescherte der Zeitung eine doppelte Anzahl von Klickraten und erhöhte Absatzzahlen. Wer jetzt Guerilla-Marketing auf belangloses Entertainment reduziert, liegt absolut falsch. Professionelles Guerilla-Marketing orientiert sich immer an der Marke. Es ist die zeitgemäße Weiterentwicklung einer bestehenden Kommunikation und gleichzeitig die Reproduktion des Markensystems in eine neue Form der Kundenansprache.

Riester-Aktion

Das Maximalprinzip

Der Begriff „Guerilla-Marketing" basiert auf dem Kriegsbild: Wie im Guerillakrieg immer auf der Hut vor dem Gegner sein bzw. vor dem Wettbewerber. Unberechenbar, niemals müde oder träge sein. Verbunden mit dem Handeln nach dem „Maximalprinzip": Mit den verfügbaren Mitteln die größtmögliche Wirkung erzielen. Präzise planen – und stets den entscheidenden Schritt vorausdenken. Guerilla-Marketing will also das maximale Interesse der Zielgruppe mit minimalen Kosten gewinnen. Entscheidend ist dabei jedoch nicht das geringe Budget, sondern die originelle, außergewöhnliche und geniale Idee. Sie ist das Herz und bürgt für den Erfolg – durch ausgefallene, überraschende und unterhaltsame Marketing-Aktionen. In den USA ist Guerilla-Marketing längst ein Megatrend. Unternehmen wie New York Times, IBM und Citi-

Charmante Verkaufsstrategie für Hundehalter-Haftpflicht-Versicherungen

„Ich bin schon drin!" So zeigen Eigenheimbewohner ihre Freude am Bausparen.

„Are you in good hands?" fragt das Werbeplakat eines PKV-Versicherers, während der Pkw fast abstürzt.

v

bank arbeiten damit. In Deutschland gibt es auch eine verstärkte Entwicklung. Insbesondere kleinere Marketing-Budgets profitieren davon, denn auch mit kleinen Mitteln lassen sich große Ziele erreichen.

Spielerisch Kunden ködern

Immer mehr Unternehmen versuchen, die Bedürfnisse der Nutzer mit den strategischen Zielen des eigenen Unternehmens zu verknüpfen. Deshalb besteht eine interessante Guerilla-Idee darin, Anwendungen wie Spiele, Demoversionen und Tests einzusetzen. Durch Spiele wird die Aufmerksamkeit der Kunden länger gebunden als mit herkömmlicher Werbung – auch bei Zielgruppen, die gegen klassische Werbung nahezu immun sind. Außerdem können Unternehmen Informationen über den Kunden sammeln, wie Name, Adresse und Vorlieben. Dieses Marketing kostet relativ wenig Geld. Ein Klassiker ist das „Moorhuhn". Ohne Unterstützung der klassischen Werbung zog das kostenlose Computerspiel binnen kürzester Zeit die Aufmerksamkeit einer weltweiten Öffentlichkeit auf sich. Das Huhn, das ursprünglich als Werbung für die Whiskymarke „Johnnie Walker" kreiert worden war, wurde von 40 Millionen Nutzern aus dem Internet heruntergeladen. „Johnnie Walker" förderte damit seinen Bekanntheitsgrad ganz enorm.

Guerilla-Werbung auf Geldscheinen

Die US-Werbeagentur „GoGorilla" hat sich vorgenommen, jeden reklamefreien Fleck der Welt mit Anzeigen zu belegen. Sie klebt Anzeigen auf echte Dollarnoten, die sie dann in den Metropolen Los Angeles und New York millionenfach in den Umlauf bringen will. Es das erste Mal in der amerikanischen Werbegeschichte, dass Geldscheine auf diese Weise zweckentfremdet werden. „Banknoten sind einfach ein großartiges Werbemedium", so der Agenturchef Alan Wolan. „Sie wandern von einer Geldbörse in die nächste, und jeder sieht sie sich an." Juristisch gesehen ist dies jedoch zweifelhaft. Die Legalität der Geldscheinwerbung ist fraglich. Das US-Recht verbietet es, Banknoten zu verändern. Deshalb hat GoGorilla die Banknoten nicht bedruckt, sondern eine Sticker-Lösung gewählt. Die Aufkleber lassen sich so leicht entfernen wie Post-It-Zettel. In Deutschland hat es bisher nur kleinere Kampagnen mit „Werbe-Geldscheinen" gegeben.

Ein US-Dollar

Chancen und Risiken beim Guerilla-Marketing

Auch wenn einige Anbieter wie Sixt mit Guerilla Marketing zum Marktführer geworden sind: Für Finanzdienstleister gilt Vorsicht mit Guerilla-Marketing. Im Spagat zwischen innovativen und konventionellen Strategien muss die Vorgehensweise an die Zielgruppe, Marke und Unternehmen individuell angepasst werden. Ganz entscheidend für die Anwendung des Guerilla-Marketing ist, dass eine fundierte Marketing-Strategie zu Grunde gelegt wird. Dies gilt im besonderen Maße für Unternehmen, wie Versicherungen, die bisher traditionelle und konservative Werbemaßnahmen anwenden. Wenn dieser Rahmen nicht beachtet wird, kann dies negative Konsequenzen haben: Es kann passieren, dass die Kunden irritiert, verängstigt oder verärgert werden. Das mühsam aufgebaute Image und Emotionen wie Vertrauen und Loyalität in die Marke können zunichte gemacht werden. Dies kann zum Kundenverlust und zur Absatzschwäche führen. Zudem sind die potenziellen juristischen Restriktionen zu beachten. Vor allem beim Guerilla-Marketing ist die Gefahr sehr hoch, in Deutschland z. B. an die Grenzen des Gesetzes gegen den unlauteren Wettbewerb zu stoßen. Denn hier wird mit spektakulären und oft noch nie da gewesenen Aktionen Aufmerksamkeit erregt. Bei vielen Aktionen sind die rechtlichen Konsequenzen vorab schwierig einzuschätzen. Bei vielen Guerilla-Marketing-Aktionen wurden nicht nur hohe Geldbußen angedroht, sondern auch in die Tat umgesetzt. Dies kann, abgesehen von positiver Aufmerksamkeit, auch schwerwiegende Imageschäden zur Folge haben.

Personalisierte Plakate als Guerilla-Taktik

Statt-Modell-Werbung: Echte Finanzdienstleister in Lebensgröße

Plakatflächen sind auch für kleine, lokal agierende Versicherungsagenturen erschwinglich. Sie können gezielt an Orten belegt werden, wo man potenzielle Kunden vermutet. Plakate eignen sich für alle einfachen Botschaften, die sich in maximal fünf Worten formulieren lassen. Also um auf eine Info-Veranstaltung zur Abgeltungssteuer oder eine Sonderaktion zur Altersvorsorge anzukündigen. Oder einfach nur um mitzuteilen, dass es einen kompetenten und freundlich lächelnden Finanzberater vor Ort gibt. So entsteht mit der Zeit eine regionale Marke für die Versicherungsagentur um die Ecke mit persönlicher Note. Denn der Mann vom Plakat wirkt viel authentischer und glaubwürdiger als ein fremdes Gesicht.

Personalisierte Plakate

Guerilla-Plakatwerbung

Wenn man mit offenen Augen sein Terrain erkundet, sieht man, wie man die Kaufkraft besser ausschöpfen und neue Kunden gewinnen kann. Unser Guerilla-Tipp für Finanzexperten: Suchen Sie sich Flächen, wo Plakatieren erlaubt ist und nichts kostet. Nutzen Sie auch in Absprache mit dem Ordnungsamt die Hauswände Ihrer eigenen Läden oder fragen Sie befreundete Unternehmer, ob Sie in ihren Verkaufsräumen ein Plakat anbringen dürfen.

Großflächenplakate an Straßen

Die Großfläche hat ein Format von 3,6 mal 2,6 Meter. Man spricht auch von einer 18/1-Fläche und geht dabei davon aus, dass ein A1-Plakat 18 Mal in die Fläche passt. Kennzeichnend für die Großfläche ist die Fernwirkung. Sie wird auch aus dem fahrenden Pkw, Bus oder aus der Straßenbahn wahrgenommen. Großflächenplakate finden sich deshalb auch oft an Verkehrsstraßen, an Straßenbahnstrecken, in Bahnhofsnähe oder an Großparkplätzen vor Verbrauchermärkten. Geringe Belegungskosten und gezielte Streuung sind die Vorteile dieser Form der Plakatwerbung.

Praxis-Tipps: Wie Sie aufmerksamkeitsstarke Plakate gestalten

Wie muss ein Plakat gestaltet sein, damit es die Blicke auf sich zieht? Nutzen Sie die Fläche des Plakats perfekt aus – nicht, indem Sie möglichst viele Details dort unterbringen, sondern durch Prägnanz:

- **Text:** Reduzieren Sie Ihre Botschaft auf maximal fünf Worte. Plakate sind nicht zum „Durchlesen" gedacht, sie sollen wie ein Bild mit einem Blick erfasst werden.
- **Logo:** Das Logo macht Ihr Unternehmen als Absender kenntlich und sorgt dafür, dass die Botschaft zugeordnet wird. Machen Sie es daher so groß wie möglich.
- **Bild** (optional): Geeignet sind Motive, die auffällig, groß und eindeutig sind, also „plakativ". Verzichten Sie auf eine collagenartige Aneinanderreihung mehrerer kleiner Bilder. Entscheiden Sie sich besser für das stärkste Motiv.

Die Wirkung eines Großflächenplakates aus 50 Meter Entfernung können Sie simulieren, indem Sie eine verkleinerte DINA3-Version in Farbe ausdrucken und in einem Raum aus 5,5 Meter Entfernung betrachten. Wenn Logo und Textzeile jetzt unleserlich sind, dann müssen sie vergrößert werden.

Effektive Plakatkampagnen planen

Wie viele Plakatstellen müssen belegt werden, um sichtbare Effekte zu erzielen? Aus einer Tradition heraus bucht man Großflächenplakate überwiegend noch dekadenweise, also immer für die Dauer von zehn Tagen. Die Dienstleister sind jedoch vielerorts dabei, sich auf eine wöchentliche Buchung umzustellen. City-Light-Poster werden dagegen heute schon überwiegend wochenweise angeboten. Klären Sie vor der Kampagne folgende Punkte ab:

- **Mediaplanung:** Um eine Mindestabdeckung zu erreichen, wählen die meisten Werber eine Belegungsdichte von 1:3.000, also ein Großflächenplakat pro 3.000 Einwohner.
- **Stellen Sie die Werbewirkung sicher.** Fordern Sie als Grundlage für Ihre Buchungsentscheidung von den Plakatdienstleistern Nachweise für die Werbeleistung ein. Nur so können Sie das tatsächliche Preis-Leistungsverhältnis bestimmen. Inzwischen ist für so gut wie jeden Plakatstandort bekannt, wie viele Menschen ihn pro Stunde passieren und wie viele davon sich an ein Plakat erinnern können. Fragen Sie den Werbeflächenanbieter nach dem so genannten G-Wert einer Plakatstelle, der von der GfK regelmäßig ermittelt und im Frequenzatlas veröffentlicht wird.

- **Zielgruppenplanung:** Generell ist es eher schwierig, mit Plakaten bestimmte Zielgruppen anzusprechen. Wer an einer Litfass-Säule vorbeigeht, lässt sich kaum steuern. Plakate sind eher ein Medium mit Breitenwirkung. In einigen Fällen können Sie jedoch durch die gezielte Wahl der Standorte ein homogenes Publikum erreichen: Die ältere gehobene Zielgruppe erreichen Sie in der Nähe von Theatern oder Museen. Auf dem Sportplatz treffen Sie eine jüngere, vorwiegend männliche Zielgruppe. So kann sich für bestimmte Ziele die Buchung eines einzelnen Standorts lohnen.

Checkliste Plakatwerbung

Damit eine Plakatbotschaft klar und verständlich ist und somit eindeutig wahrgenommen werden kann, gibt es einige wenige, aber wirksame Gestaltungsregeln.* Die Grundfragen sind:

1. Werden die Inhalte visuell vermittelt?
2. Wird die Zielgruppe direkt angesprochen?
3. Ist der Text plakativ und gut lesbar?
4. Sind Text- und Bildinformationen eindeutig und schnell verständlich?
5. Hebt sich das Plakat vom Umfeld ab?
6. Wirkt das Plakat auch aus größerer Entfernung?
7. Ist das Plakat neuartig und originell?
8. Ist die Botschaft einprägsam?
9. Ist das Plakat kompositorisch gut gestaltet?
10. Bleibt die Gestaltung im Corporate Design einer Firma?

Wie Sie Ihre Website optimal nutzen

Online-Marketing ist für Vermittler unverzichtbar. Denn mehr und mehr Kunden suchen im Netz nach dem idealen Anbieter. Deshalb ist auch für Vermittler das Motto relevant: „Think global, act local." Studien zeigen: Viele Kunden informieren sich online, kaufen aber nur im persönlichen Beratungsgespräch ihre Versicherungen.

* **Literaturtipp:** Peter Hanser (2008): Werbe- und Marketingplaner 2009: Medien, Reichweiten.

Wie Sie mit einer eigenen Website viel Geld sparen

Kleine und mittelständische Finanzdienstleister nutzen das Internet zunehmend für ihr Marketing – mit großem Erfolg. Eine Website hat einen positiven Einfluss auf Umsatzentwicklung, Marketing und Kommunikation. Heute steht fest, dass der Einsatz des Internet positive Effekte auf Umsatz und Kundenkommunikation hat. Die Website leistet einen positiven Beitrag zur Unternehmensentwicklung, wenn sie richtig genutzt wird.

Kostengünstiges Online-Marketing

Die meisten Finanzdienstleister bewerten den eigenen Webauftritt als eine – im Vergleich zu anderen Marketing-Instrumenten – kostengünstige Möglichkeit zur externen Kommunikation. Es zeigt sich deutlich, in welch enormem Ausmaß sich das Internet in der Wirtschaft bereits durchgesetzt hat. Überraschend ist dabei vor allem die Einheitlichkeit der Ergebnisse. Unabhängig von Standort oder Branche führt ein eigener Internetauftritt zumeist zu höheren Umsätzen und einer Verbesserung der Kundenkommunikation - und das bei überschaubaren Kosten. Gerade für kleine und mittelständische Unternehmen bietet das Internet also große Chancen. Dabei sind die Kosten für die Erstellung und Pflege einer Website immer geringer geworden. Es sind längst kein großes IT-Budget und auch kein großer Zeitaufwand mehr notwendig, um ein Unternehmen hochwertig, spannend und aktuell online zu präsentieren und um Gewinne über den eigenen Internetauftritt zu realisieren. Die Wartungs- und Erstellungskosten fallen kaum ins Gewicht. Viele Finanzdienstleister nutzen kostengünstige Baukaustensysteme zur Website-Erstellung. Die Bilanz für den wirtschaftlichen Nutzen einer Website fällt also ausgesprochen günstig aus.

Die Website – Ihre Visitenkarte online

Immer mehr Vermittler entwickeln aus Image- und Servicegründen eine eigene Homepage. Ob zur Bindung der eigenen Kunden, zur Gewinnung von Neukunden oder um neue Kommunikationswege zu eröffnen. Die Möglichkeiten, das Internet zur Geschäftsprozess-Optimierung für Vermittler sinnvoll einzusetzen, sind vielfältig. Mit Ihrer Website können Sie Ihre Kundengewinnung und Kundenbindung unterstützen.

Kundengewinnung	Kundenbindung
Bekanntheitsgrad ausbauen	Aktuelle Informationen
Branding, d.h. Markenbildung	Interaktive Kommunikation
Leads generieren	Mehrwert anbieten
Online-Rechner	Newsletter und Mailings

Zudem gibt es noch weitere Möglichkeiten, um das Internet für preiswertes und effizientes Marketing zu nutzen.

Kompetenz nach außen vermitteln

Bei der Entwicklung der Struktur sollten Sie Ihre Zielgruppe und Ihren Markenkern im Auge behalten. Bereiten Sie Ihren Auftritt so auf, dass er Ihren Wunschkunden gefällt und gleichzeitig Ihre Unternehmenswerte visualisiert. Ein attraktives modernes Design spricht das Auge des Nutzers an. Design ist wichtig, aber es ist nicht alles. Primitive und grelle Gestaltungen sollte genauso vermieden werden wie übersteigerter Technik-Einsatz. Flash-Animationen halten den Nutzer durch lange Ladezeiten unnötig auf. Informieren und unterhalten Sie Ihre Besucher mit kompakten, individuellen und aktuellen Inhalten.

Website-Optimierung: Was Nutzer wollen

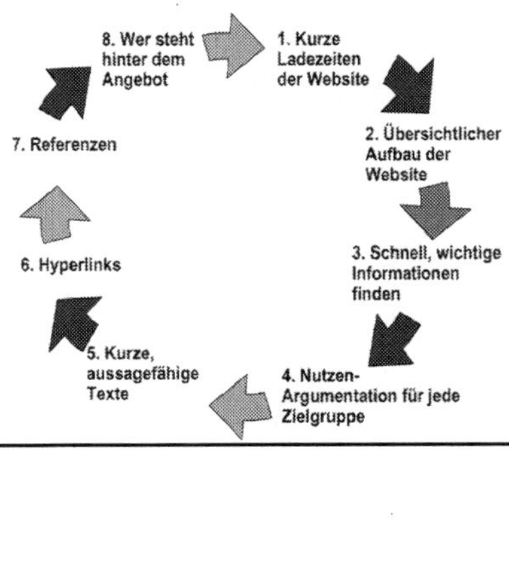

Nirgendwo ist die menschliche Aufmerksamkeitsspanne so gering wie im Internet. Wer nach maximal drei Sekunden nicht gefunden hat, wonach er sucht, gibt auf und surft weg. „Usability" nennt man die Disziplin, die untersucht, ob ein Nutzer seine Ziele effektiv, effizient und zufrieden stellend erreicht. Ein Beispiel: Ein potenzieller Kunde, der eine Kfz-Versicherung sucht, besucht die Seite eines Vermittlers. Er erwartet, dass er spätestens nach dem dritten Klick seine Informationen findet. Die Navigation sollte also immer übersichtlich sein. Rubriken sollten logisch aufgebaut und verständlich benannt sein. So findet sich jeder Besucher schnell auf der Website zurecht. Langes Hin- und Herscrollen sowie das Durchsuchen von Websites frustriert den Nutzer. Er verlässt die Seite schnell wieder und surft weiter – zum Mitbewerber, der nur einen Mausklick entfernt lauert.

Eigene Firmen-Website	Externe Angebote
■ Firmeninformationen ■ Produktinfos ■ Interaktive Online-Rechner ■ Online-Vertragsabschluss ■ Online-Shops ■ Download-Angebote ■ E-Mail-Kontakt ■ Newsletter ■ Diskussionsforum und Chat	■ Banner-Werbung ■ Online-Kooperationen ■ Suchmaschinen-Marketing ■ Verzeichnis-Einträge ■ Integration von Content ■ Integration von Online-Rechnern

Bieten Sie Nutzen online

Ihre Homepage dient also vor allem dazu, Kunden optimal und kostengünstig mit aktuellen Informationen zu versorgen. Bedenken Sie: Ihr Kunde hat oftmals gar keine Vorstellung davon, welche Ansprüche und Bedürfnisse er hat. Viele surfen erst einmal ganz unverbindlich im Netz herum. Bieten Sie Mehrwert an, z.B. Informationen zum Versicherungsbedarf oder zur Altersvorsorge.

Mit dem Kunden rechnen

Online-Rechner geben dem Kunden eine Antwort auf die brennenden Fragen nach dem „Wie viel". Ein Beispiel für einen Anbieter für Altersvorsorge:

1. Wie groß ist meine Rentenlücke?
2. Was muss ich zahlen?
3. Wie hoch ist meine Rendite?

Oder: Wie viel Immobilie kann ich mir leisten? Wie viel kostet mich die Baufinanzierung pro Monat?

Online-Rechner liefern sofort konkrete Werte und können so die Entscheidungen des Kunden bestärken. Sie geben Orientierung und wekken Interesse für Ihre Angebote. Zudem fördern Sie das Kundenvertrauen. Denn dieser Service vermittelt das Gefühl, dass Ihre Angebote transparent und nachvollziehbar sind. Am besten ist es, unmittelbar nach der Mitteilung des Ergebnisses eine Möglichkeit zur Kontaktaufnahme oder zur Anforderung eines konkreten Angebots zu bieten.

Online mehr verkaufen

Ein Beispiel aus dem Finanzbereich: Während reine Baufinanzierer über die nachlassende Immobilienkauflust und entsprechend sinkende Umsätze klagen, profitieren die Online-Baufinanzierer, die die veränderten Kundenanforderungen berücksichtigen: Kundendialog und Transaktionen verlagern sich zunehmend ins Internet. Schließlich sind in der Baufinanzierung Banken und Online-Makler durchaus miteinander verwandte Anbieter: Das Grundprinzip, Anfragen auch über das Internet entgegenzunehmen und online abzuwickeln, kann dem Kunden viel Geld sparen. Deshalb ist die Online-Finanzierung mit erheblichen Kostenvorteilen für Anbieter verbunden: Teure Filialen und hohe Personalkosten können eingespart werden. Zum einen können Vertriebsprozesse auf elektronischem Weg weitaus effizienter abgewickelt werden, zum anderen kann der persönliche Dialog zumindest teilweise durch E-Mail und Telefon ersetzt werden. So profitieren Kunden und Vermittler durch günstige Konditionen, die ein halbes Prozent unter dem normalen Satz liegen können.

Der Newsletter übernimmt bei Online-Portalen die Funktion eines vertriebsorientierten Kundenbindungsinstrumentes. Das heißt, der Inhalt konzentriert sich auf die aktuellen Angebote mit Produktbeschreibungen und entsprechenden Abbildungen. Der Erfolg hängt auch maßgeblich von der Präsentation der Informationen ab. Durch regelmäßige Vertriebskampagnen können mithilfe von verlockenden Aktions- oder Sonderangeboten neue kaufkräftige Kunden gewonnen werden. Maßgeblich für den Erfolg von E-Mail-Aktionen ist – wie beim postalischen Mailing auch – die Qualität der Kundendaten, mit denen aufgrund von individuellen Präferenzen Segmente gebildet und per Mailing zielgruppenspezifisch angesprochen werden können. Der Adressbestand kann durch Gewinnspiele oder über Kooperationspartner erweitert werden.

Was muss ein Impressum beinhalten?

Nach §6 des Teledienstegesetzes (TDG) gilt die Impressumspflicht für alle Unternehmen. Ausgenommen sind private Websites. Bei fehlenden, unvollständigen oder nicht richtig angebrachten Angaben nach dem Teledienstgesetz droht ein Bußgeld von bis zu 50.000 Euro. Auch eine kostenpflichtige Abmahnung durch einen Mitbewerber ist möglich. Zusätzliche Verpflichtungen gibt es für Freiberufler. Sie müssen ihre Berufsbezeichnung aufführen:

- Firmenname, Ansprechpartner, Anschrift, Telefon, Mail und Faxnummer
- Nummer der Registereintragung
- Angabe des Registergerichts
- Umsatzsteuer-Identifikationsnummer
- Angaben zum Umgang mit personenbezogenen Daten

Transparenz ist Trumpf

Sprechen Sie eine klare Sprache und kommen Sie schnell zur Sache. Verwenden Sie keine komplizierten Wendungen. Eine Besonderheit des Schreibens im Internet sind Links, also Verknüpfungen zu anderen Websites. Die Verwendung von Links hilft Ihnen, Zusammenhänge kurz und übersichtlich darzustellen. Statt umständlich zu erklären, was Ihr Referenzkunde tut, können Sie auch einfach einen Link auf seine Seite setzen. Apropos: Für den Vertrauensaufbau ist es förderlich, wenn Sie einige Ihrer besten Kunden als Referenzen anführen! Aber fragen Sie sie vorher.

Homepages selber machen

Sie müssen kein Programmierer sein, um eine eigene Homepage aufzubauen und zu pflegen! Sie brauchen auch nicht unbedingt einen Dienstleister, der die Einrichtung für Sie übernimmt. Mittlerweile sind Content-Management-Systeme am Markt erhältlich, die es auch Nicht-Informatikern erlauben, Websites professionell zu gestalten. Wer Geld sparen will, kann frei erhältliche Programme wie Mambo einsetzen. Eine professionell gestaltete Webseite lässt sich mit einem Homepage-Baukasten erstellen. Dem Anwender helfen dabei eine Vielzahl fertiger Designvorlagen. Sie lassen sich sehr einfach individuell anpassen und mit eigenen Inhalten und Illustrationen füllen. Mit vorbereiteten Seiteninhalten zu unterschiedlichen Themen und Branchen ist der Webauftritt sogar noch schneller online. Teilweise sind bereits Features integriert, die die Webseite attraktiver machen und zu regelmäßigen Besuchen anregen wie Anfahrtsplaner, Gästebuch oder Online-Rechner.

Service lässt Augen leuchten

Ihre Homepage dient also vor allem dazu, Kunden optimal und kostengünstig mit aktuellen Informationen zu versorgen. Bedenken Sie: Ihr Kunde hat oftmals gar keine Vorstellung davon, welche Ansprüche und Bedürfnisse er hat. Viele surfen erst einmal ganz unverbindlich im Netz herum. Bieten Sie Mehrwert an, z.B. Infos zum Versicherungsbedarf oder zur Altersvorsorge. Machen Sie Ihr Unternehmen interessant durch besondere Angebote und heben Sie sich dadurch vom Mitbewerber ab. Online-Rechner geben dem Kunden Antworten auf brennende Fragen, z.B.: „Wie groß ist meine Rentenlücke?" Oder: „Wie groß ist meine monatliche Belastung beim Kauf einer Immobilie?" Mit interaktiven Rechnern, die konkrete Ergebnisse liefern, sieht Ihr Kunde Sie als Finanzexperte. Zugleich geben Sie ihm Vertrauen, Kontakt aufzunehmen zur persönlichen Beratung. Denn dieser Service vermittelt das Gefühl, dass Ihre Angebote kompetent, transparent und nachvollziehbar sind. Am besten ist es, unmittelbar nach der Mitteilung des Ergebnisses eine Möglichkeit zur Kontaktaufnahme oder zur Anforderung eines konkreten Angebots zu geben. Nicht immer wissen Kunden, was Sie wirklich brauchen. Viele Menschen sind unterversichert, weil sie gar keine Übersicht über die notwendige Absicherung haben. Helfen Sie Ihren Kunden und verschaffen Sie Ihnen Durchblick: „Was ist eigentlich eine Rentenversicherung?" Oder: „Welche Möglichkeiten zur Altersvorsorge gibt es?" Durch Verbrauchertipps beweisen Sie Nähe zur Zielgruppe und demonstrieren Ihr Fachwissen.

Muster-Struktur der Makler-Homepage von Herbert Müller

Home	Über uns	Leistungen	Schwerpunkt	Service	News
Profil mit Fotos Neugierde wecken	Profil Philosophie Geschäftsführer Team	Vergleiche Berechnungen Konzepte Angebot anfordern	Besondere Leistungen wie PKV oder bAV	Informationen Schadenmeldung Adressänderung Anfahrtsskizze	Aktuelle Aktionen oder Branchen-News

Fußzeile: AGB, Kontakt, Impressum, Anfahrtsskizze, Lexikon, Sitemap

Gewinnen Sie neue Kunden mit Ihrem Newsletter

Ein Newsletter ist schon ein Standardelement eines professionellen Internetauftritts. Damit lassen sich leicht Interessenten gewinnen und Kunden binden. Und das recht einfach, schnell und kostengünstig. Aber in der Praxis wird dieses Instrument vernachlässigt. Häufig ließe sich damit viel Geld sparen und viel mehr erreichen. Newsletter erinnern Ihre Besucher an Sie und Ihr Angebot, auch ohne dass diese Ihre Website wieder besuchen müssten. Sie liefern ihnen Interessantes regelmäßig – so prägt Ihr guter Name sich ein. Und schafft das Vertrauen, von dem eine lange Kundenbeziehung lebt. Der Nutzen von Newslettern:

1. Newsletter sind ein effizientes Instrument zur Neukundengewinnung und Kundenbindung.
2. Sie gewinnen mehr Kontrolle und können besser steuern als bei Brief-Mailings.
3. Sie bleiben bei Ihren Kunden in Erinnerung. Wenn er Bedarf hat, kann er auf Sie zukommen.
4. Die Response-Quote ist bei Newslettern etwa fünf bis zehnmal höher als bei herkömmlichen Mailings.

Vorteile gegenüber klassischen Mailings, also Briefen

1. Sie sparen hohe Kosten für Druck und Porto.
2. Die interaktive Kommunikation sorgt für höhere Akzeptanz von Informationen.
3. Die Adressdaten der Empfänger werden automatisch aktualisiert.
4. Leichtere Messung des Leserverhaltens. Sie können also leichter die Wünsche der Empfänger umsetzen.

Wie geht man vor beim Newsletter-Marketing? Prüfen Sie, was für Ihre Besucher und Kunden interessant ist. Zum Beispiel leicht verständliches Fachwissen aus der Versicherungswelt und saisonale Tipps wie Reisetipps. Es müssen keine Firmengeheimnisse sein. Lassen Sie sich vom Profi ein Konzept und Ihren Newsletter erstellen, um Ihre Neukundengewinnung und Kundenbindung zu steigern.

Den Erfolg eines Newsletters erkennen Sie am einfachsten an der Verteilerquote. Wie wird Ihr Newsletter erfolgreich? Wie bekommen und halten Sie Ihre Leser? Newsletter können in vielen Fällen optimal automatisiert werden. Wenn die Regeln einmal hinterlegt sind, ist der administrative Aufwand gering. Scheuen Sie daher zu Beginn nicht diesen Aufwand, verschiedene Arbeitsabläufe zu automatisieren.

1. **Zielgruppendefinition**
   Behalten Sie das Hauptthema immer im Auge. Abschweifende Informationen tragen nicht dazu bei, Ihre Abozahlen zu erhöhen. Fokussieren Sie sich auf Ihre Themen. Bieten Sie Ihren Lesern kompetente, wichtige und interessante Informationen. Mit dieser Fokussierung gewinnen Sie einen hohen Stellenwert, u. a. durch Mundpropaganda, eine der besten und günstigsten Werbeformen die es gibt: Ihre Leser empfehlen Sie und Ihre Newsletter weiter.

2. **Exklusive und aktuelle Inhalte**
   Ihr Newsletter-Abonnent erwartet von Ihrem Newsletter aktuelle und informative Inhalte. Vor allem aber News, die er nicht schon auf anderen Webseiten gelesen hat. Beachten Sie dabei, dass es sinnvoll ist, mit nicht zuviel Fachwissen zu glänzen, denn es ist vorstellbar, dass einige Laien auf Ihrem Gebiet ebenfalls zu Ihren Abonnenten zählen. Überzeugen Sie eher durch einfach verständliche Fachkompetenz.

3. **Ihr Kunde entscheidet**
   Wenn der Kunde entscheiden kann, welche Informationen/Inhalte er zugesandt bekommen möchte, dann wird seine Rücklauf-, Klickquote wesentlich größer ausfallen. Dies ist natürlich nur bei komplexen Informationen notwendig.

4. **Bewegte Bilder**
   Setzen Sie bei der Informationsübermittlung mittels E-Mail/Newsletter auch auf weiterführende Techniken. Heute sind auch Video- und Audio-Emails möglich. Durch bewegte Bilder und Ton lassen sich wesentlich mehr detailliertere Informationen an den Kunden bringen.

5. **Einheitlicher Auftritt nach außen**
   Halten Sie sich mit Ihrem Newsletter-Auftritt an Ihr vorhandenes Marketing-Konzept. Beachten Sie Ihre Linie, mit der Sie sich in der Öffentlichkeit präsentieren, denn damit bekommt der Abonnent einen Widererkennungswert zu Ihrem Angebot.

6. **Form und Inhalte**
   Kurze, übersichtliche und strukturierte Newsletter sind leichter zu lesen, sind informativer und damit effektiver für den Versender. Falls Sie Newsletter mit mehreren Seiten versenden möchten, die mit Sicherheit nicht von dem Abonnenten vollständig gelesen werden, dann ändern Sie das Konzept. Senden Sie in dem Newsletter nur eine Kurzform mit einem Link zu den vollständigen Informationen, die Sie auf Ihrer Webseite veröffentlichen. Interessierte Leser werden diese besuchen und den Inhalt komplett verinnerlichen. Wie viele Informationen wollen Sie an Ihre Abonnenten weitergeben? Zu viele Informationen können dem Geschäft genauso schädlich sein wie zu wenige. Diese Gratwanderung ist heikel und muss von Fall zu Fall neu definiert werden. Ihr Newsletter sollte deshalb nicht mehr als drei weiterführende Links enthalten, damit der Leser den Newsletter-Inhalt gezielt wahrnimmt.

7. **Versenden: Wie oft sollten Sie Ihren Newsletter versenden?**
   Diese Frage kann nur von Fall zu Fall beantwortet werden. Eine allgemeine Richtlinie kann zu diesem Thema kaum gefunden werden. Wichtig ist nur, dass Sie sich an Ihren vorher festgelegten Rhythmus (z.B. monatlich) halten, denn dies schafft Seriösität und Vertrauen bei den Abonnenten. Die Versandfrequenz kann in Abhängigkeit zu der Bindung der Kunden gesetzt werden. Je stärker die Kunden an Ihre Webseite gebunden sind, desto mehr Newsletter können Sie versenden.

8. **Effektivität**
   Im Vertrieb gilt im Allgemeinen, dass es auf eine gute Werbeaktion eine Rücklaufquote von 10 Prozent gibt, und dass nur 1 Prozent der potenziellen Kunden im Endeffekt das beworbene Produkt auch kauft. Funktioniert bzw. trifft diese Quote auch im Internet zu? Ja. Obwohl die Informationsflut im Internet wesentlich größer ist, vergleichende Angebote möglich sind, und sich mögliche negative Information schneller verbreiten, kann man mit dieser Quote rechnen. Falls Ihre Zustellquote zu gering erscheint, dann testen Sie Ihre E-Mail-Adresse auf Anfälligkeit für SPAM-Filter. Steht Ihre E-Mail-Adresse nicht auf der Blacklist, dann hat eine eventuell niedrige Zustell-/Rücklaufquote anderweitige Ursachen, denen nachgegangen werden muss.

9. **Einbindung auf der Webseite**
   Es empfiehlt sich, den Newsletter oder einen Link zu dem Newsletter-Formular auf jeder Unterseite des Projekts sichtbar einzubinden, denn dadurch wird dem Besucher eine bessere Möglichkeit gegeben, diesen zu abonnieren. Neben einer schnellen Abo-Möglichkeit muss dem User auch die Abmeldung einfach gemacht werden, denn das schafft Vertrauen! Kleine Popups, welche die Newsletter-Anmeldung beinhalten, wirken oft sehr störend und erreichen das gewünschte Ergebnis nicht. Fragen Sie bei einer Newsletter-Anmeldung wirklich nur das Nötigste ab. Angaben z.B. zu Straße, Ort, PLZ sind dabei nicht notwendig.

10. **Newsletter-Usability**
    Nachfolgende Grundregeln können über Erfolg oder Misserfolg eines Newsletters entscheiden:

    - Beschreiben Sie den potenziellen Newsletter-Abonennten den Nutzen, die Inhalte und die Häufigkeit der Versendung des Newsletters bereits vor der Anmeldung.
    - Bewerben Sie den Newsletter auch auf den Unterseiten des Webprojektes.
    - Das Versenden des Newsletters sollte in regelmäßigen Abständen erfolgen.
    - Der Newsletter muss ausdruckbar sein.
    - Testen Sie fertige HTML-Newsletter mit allen weit verbreiteten und handelsüblichen Browsern.
    - Jeder Newsletter muss Informationen für eine mögliche Abmeldung enthalten, da dies Vertrauen schafft.
    - In jedem Newsletter müssen die Kontaktdaten des Versenders mitgesandt werden.
    - Versenden Sie keine Newsletter in der Nacht, da zu diesem Zeitpunkt meisten SPAM-Mails verschickt werden. Einige SPAM-Blocker filtern inzwischen E-Mails aus, die zwischen 23 und 3 Uhr versandt werden. So kann es auch Ihren Newsletter treffen, obwohl er kein SPAM ist.

Ihre Checkliste zum erfolgreichen Newsletter

Bevor Sie sich an die Arbeit machen, einen Newsletter zu erstellen, der dieser Anforderung gerecht wird, sollten Sie diese Fragen unserer Checkliste klären.

1. Welches Ziel verfolgen Sie mit Ihrem Newsletter?
2. Kennen Sie Ihre Zielgruppe?
3. Was macht die Konkurrenz?
4. In welchen Zeitabständen erscheint Ihr Newsletter?
5. Wie lang soll er sein?
6. Welches Dateiformat hat er (HTML, PDF)?
7. Kommt Ihr Newsletter beim Leser „lesefreundlich“ an?
8. In welcher Form bieten Sie die Inhalte an?
9. Passt der Stil des Newsletters zu seinen Lesern?
10. Bietet Ihr Newsletter einen Mehrwert?
11. Haben Sie ein Begrüßungsschreiben formuliert?
12. Kann ein zufriedener Leser Ihren Newsletter mit einem Click weiter empfehlen?
13. Was kostet Sie der Newsletter?
14. Gibt es Möglichkeiten zur Refinanzierung?
15. Wie verwalten Sie Ihre Adressen?
16. Können Sie den Newsletter personalisieren?
17. Bietet Ihr Provider alles, was Sie brauchen (Audio-Video-Versand)?
18. Würden Sie Ihren eigenen Newsletter weiterempfehlen?
19. Wie viel Zeit haben Sie für den Newsletter?
20. Können Sie die Arbeit alleine bewältigen?
21. Wer schreibt Ihren Newsletter?

Suchmaschinen-Optimierung: Damit Sie leichter gefunden werden

Der Kampf um ein hohes Ranking in Suchmaschinen wird sehr erbittert geführt. Kein Wunder: Für die meisten Nutzer sind nur die ersten zehn Treffer auf einen Suchbegriff relevant. Die hinteren Treffer finden weit weniger Beachtung. Doch wie schafft man es in die oberen Ränge? Diese Frage hat einen ganzen Geschäftszweig auf den Plan gerufen. Suchmaschinen-Optimierer bieten ihren Service an, der darauf beruht, dass sie alle Möglichkeiten ausschöpfen, um Ihre Website nach vorne zu bringen. Doch viele kleine Unternehmen können sich einen solchen Service gar nicht leisten. Was tun? Nun, vieles lässt sich mit ein wenig Zeitaufwand auch selbst erledigen. Sie sehen also: Es lohnt sich, Zeit und Geld in Online-Marketing zu investieren!

Wie Suchmaschinen arbeiten

Suchmaschinen benutzen Programme, die Links auf einer Webseite sammeln und diesen Links folgen, um neue Webseiten zu finden. Auf diese Weise bauen die Programme eine umfangreiche Datenbank auf. Diese Datenbank enthält die Informationen zu Milliarden von Webseiten. Nach welchen Prinzipien dies geschieht, wird von den Betreibern nicht offen gelegt. Einige dieser Prinzipien sind jedoch mittlerweile bekannt. Viele Suchmaschinen wie Google bieten Ihnen auch an, sich an speziell dafür ausgewiesenen Stellen einen Anzeigenplatz zu erkaufen. Solche Suchmaschinen-Anzeigen sind auch als solche gekennzeichnet und recht preisgünstig zu haben. Bei Google findet man sie am rechten Bildschirmrand. Nach vorn mit den richtigen Suchbegriffen: Keywords (Suchbegriffe) in einer Webseite sind einer der Schlüssel zu hohen Platzierungen. Die richtigen Suchbegriffe zu finden, ist schwer. Als Vermittler sollten Sie versuchen, möglichst nicht „Versicherung" einzusetzen. Sehr viel spezifischere Suchbegriffe sind z.B. „Versicherungsmakler Hannover". Damit ist sicher, dass vor allem solche Kunden auf Ihre Homepage finden, die auch an Ihrem spezifischen Angebot interessiert sind.

Wer verlinkt, gewinnt

Wenn Sie es schaffen, dass möglichst viele andere Seiten auf Ihre Seite verlinken, erhöht dies Ihre Chancen auf ein gutes Ranking. Dahinter steckt die Idee, dass viele Verlinkungen ein Indiz für Popularität und Nutzwert sind. Der Suchmaschinen-Algorithmus kann also messen, welche Website die meisten Links von anderen populären Seiten bekommen hat. Dabei kommt es aber nicht nur auf die Quantität an, sondern auch auf die Qualität. Ein Link von einer wichtigen Website fällt mehr ins Gewicht als viele Links von unpopuläreren Seiten.

Online-Verkaufen mit Webmeetings

Die Verwaltungsarbeit ist für Vermittler durch die VVG-Reform immer weiter angestiegen. Für viele Vermittler steigt das Risiko, sich mit der Verwaltung zu verzetteln und darüber den Verkauf zu vernachlässigen. Ein Lösungsansatz liegt darin, neue Vertriebswege im Web 2.0 zu nutzen. Über Webmeetings kann man beispielsweise über das Internet verkaufen. Zudem kann man mit dem Einsatz von Audios und Videos auf der eigenen Website neue Kunden ködern.

Mit Webmeetings lassen sich Verkaufsgespräche und Services wie Schadenbearbeitung schnell und einfach online abwickeln. Denn in vielen Fällen ist es unwirtschaftlich, zum Kunden zu fahren. Ganz abgesehen davon sind viele Kunden froh, wenn man sie nicht in ihren Privaträumen belästigt. Einige Beispiele: die Änderung einer Hausratversicherung, die Risikoerhebung einer Kfz-Versicherung, das Ausfüllen von Schadenformularen oder das Beantworten von Gesundheitsfragen für Krankenversicherungs-Zusatzpolicen. Wenn diese Geschäftsvorfälle schnell online abgewickelt werden, bleibt mehr Zeit für den Verkauf der wirklich ertragreichen Produkte.

Kunden akzeptieren zunehmend alternative Vertriebswege

Mobile, flexible und kompetente Beratung ist heute stärker denn je gefragt. Der Nachteil liegt zwar darin, dass der persönliche Kontakt fehlt. Dies wird aber nach einer Untersuchung des Marktforschungsinstituts YouGovPsychonomics gerade von vielen jüngeren Kunden (18 bis 45 Jahre) als Vorteil empfunden. Für Berater und Kunden ist es wesentlich angenehmer, abends oder am Wochenende einen Online-Termin zu vereinbaren als die traute Familienidylle zu stören. Für Online-Beratungen lässt sich leichter ein gemeinsamer Termin finden, da der Berater nicht in die Privatsphäre des Kunden eindringt. Dem Kunden bleibt erspart, sein Wohnzimmer aufzuräumen, sich adrett zu kleiden und den Vermittler mit Getränken zu bewirten.

YouGovPsychonomics hat für den „Kundenmonitor Banken 2008"* zudem 3.000 Privatkunden telefonisch zur Erwartungshaltung bezüglich einer Online-Beratung befragt. Das Ergebnis: Kunden erwarten bei einer Online-Beratung auch Termine außerhalb der Geschäftszeiten. Sie wollen konkrete Produktempfehlungen mit Online-Abschluss. Zudem wünschen sie sich ergänzende Video- oder Audio-Streams bzw. ein begleitendes Telefonat mit dem Berater. Das Potenzial ist groß: „Wenn es bei meiner Bank Online-Beratung gäbe, würde ich diese sicherlich in Anspruch nehmen", sagten sogar 12 Prozent der Befragten.

Fazit: Die Vorteile von Vertrieb 2.0

Vermittler müssen ihren Vertrieb auf den Prüfstand stellen und neue Vertriebswege testen, um den wachsenden Ansprüchen der Kunden gerecht zu werden. Voraussetzung sind Kenntnisse über Web 2.0 und deren Tools wie Webmeetings, um die Vertriebsstrukturen für die Zukunft zu optimieren. Die Vorteile der Webmeetings: Es ist egal, wo sich der Kunde befindet. Die Anzahl der Kundengespräche wird gesteigert. Einige Vermittler schaffen nach eigenen Angaben 14 Termine am Tag. Das ist mit persönlicher Präsenz nicht machbar. So fällt es leichter, am Ball zu bleiben und den Kunden in mehreren Webmeetings von Angeboten zu überzeugen. Bei Problemen kann man schneller und flexibler reagieren. Der Kunde fühlt sich sicherer, flexibel und gut betreut. Webmeeting-Lösungen ermöglichen den Online-Verkauf komplexer Produkte. Vermittler mit diesem Know-how sind der Konkurrenz einen Schritt voraus. Sie sind in der Lage, die neuen Möglichkeiten im Verkauf 2.0 voll für ihren Verkaufserfolg zu nutzen. Geschäftsprozesse können damit ins Internet verlagert werden. Der Berater erklärt beispielsweise in einem Online-Meeting die Vorteile eines Produkts oder die Optionen einer Altersvorsorge. Und die Kunden genießen die Vorteile der mobilen, flexiblen und schnellen Beratung. Ganz modern: Immer, überall, mobil und ganz flexibel.

---

* Kundenmonitor Banken 2008, weitere Infos unter www.psychonomics.de

Webmeetings in der Praxis

Die Online-Tools werden heute einfach durch wenige Mausklicks gestartet – ohne eine langwierige Installation von Software: Roadshows, Betriebsversammlungen und Redaktionssitzungen – Webkonferenzen bieten heute viele innovative Möglichkeiten, um Umsatzziele kostengünstig zu erreichen. Dies gilt auch für Finanzdienstleister. Sie können für ihre Vertriebspartner heute schon Online-Schulungen z.B. zu veränderten steuerrechtlichen Regelungen (wie die Abgeltungssteuer) oder zu speziellen Verkaufsoffensiven (wie zum Jahresendgeschäft) anbieten.

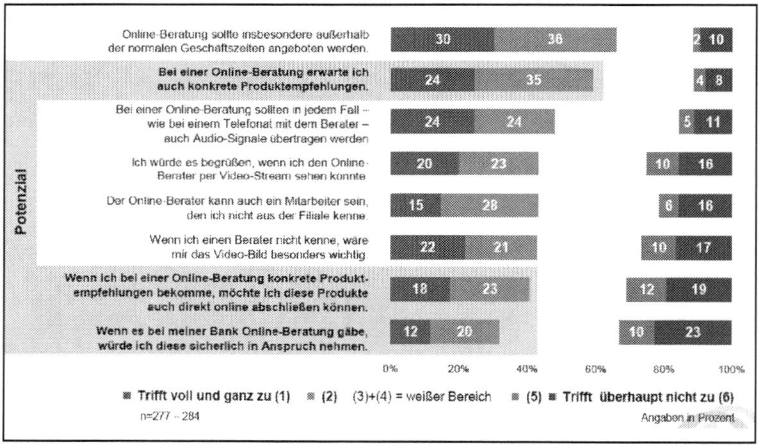

Beurteilung der Online-Beratung
(Psychonomics AG / Kundenmonitor Banken 2008).

Laut Umfrage des Marktforschungsunternehmens Vanson Bourne bestätigen 82 Prozent der Geschäftsanwender Kosten- und Zeitersparnis als wichtigste Vorteile. Denn die rasant gestiegenen Energiepreise zwingen Unternehmen aller Branchen zum Sparen. Als Alternative zu teuren Geschäftsreisen gewinnt die Zusammenarbeit per Internet deshalb an Bedeutung. So wollen die Hälfte der deutschen Unternehmen Besprechungen mit Kunden und Lieferanten auf Online-Kanäle verlagern, um Reisekosten zu sparen und schneller agieren zu können. Diese Vorteile können auch Vermittler nutzen.

Einige Finanzberater nutzen bereits die neuen Möglichkeiten im Verkauf über das Internet. Die Kunden melden sich über die Website zur Online-Beratung an. Mal ist das Thema Altersvorsorge, mal Berufsunfähigkeit und mal die Haftpflicht. Per Mail erhält der Kunde die Zugangsdaten und loggt sich ein. Dann sieht er auf seinem Bildschirm die Präsentation. Der Kunde verfolgt live auf dem Computer, wie sein Finanzberater Angebote miteinander vergleicht oder Angebote präsentiert. Allein eine Internetverbindung ist Voraussetzung. Komplexe Installationen entfallen. Für Vermittler, deren Kunden räumlich weit verstreut sind oder auch für die alltäglichen Service-Aufgaben ist diese Arbeitsweise interessant. Auch die Anforderungen der VVG-Reform werden erfüllt. Demzufolge müssen alle Beratungsgespräche protokolliert werden. Das übernimmt die IT.

Bundesweite Beratung vom Schreibtisch aus

Das Fazit lautet: Einfache Produkte kann man auch per Mail verkaufen, komplexe Produkte erfordern ein Online-Meeting. Acht bis zwölf Termine pro Tag sind damit machbar. Sie dauern optimalerweise zwanzig bis dreißig Minuten. Ein persönliches Verkaufsgespräch ist natürlich netter, aber mit Online-Meetings spart man viel Zeit und Geld. Einige Tipps für Verkaufsprofis: Wer bisher über Auftreten und Charisma verkauft hat, muss lernen, über Telefon und Web zu punkten. Man muss also das Kundengespräch geschickt über Stimme und Präsentation steuern. Es ist schwieriger als bei einem Live-Termin, das richtige Tempo zu finden, da man nicht direkt merkt, ob der Kunde alles verstanden hat. Deshalb muss man ihn stets fragen, ob er noch „am Ball" ist. Doch das lässt sich trainieren.

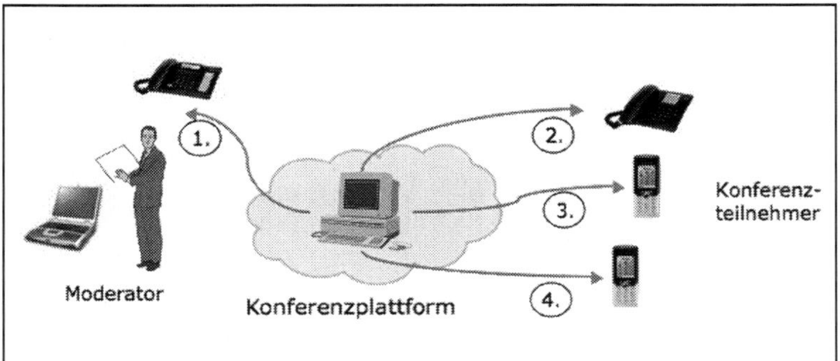

Online-Beratung funktioniert wie ein Verkaufsturbo.

Online-Beratung als neue Vertriebschance nutzen

Mit Online-Beratung lässt sich Service schnell und einfach erledigen. Wenn es z.B. um das Ausfüllen von Schadenformularen oder die Beantwortung von Gesundheitsfragen für KV-Zusatzpolicen geht, ist es unwirtschaftlich, zum Kunden zu fahren. Wenn diese Geschäftsvorfälle schnell online abgewickelt werden, bleibt mehr Zeit für den Verkauf der wirklich ertragreichen Produkte. Doch wie sinnvoll sind Online-Beratungen für Vermittler? Wie funktionieren sie organisatorisch und technisch? Was braucht man dafür? Und was bringt das?

Es liegt im Trend, Besprechungen immer häufiger per Telefon-, Web- oder Videokonferenz durchzuführen. So mancher klagt über das Spardiktat, denn damit gehen visuelle Signale wie Kopfnicken oder -schütteln verloren, diese erkennt man allenfalls bei einer Videokonferenz. Doch wenn man Kosten im Unternehmen aufgrund der Rezession sparen muss, bleibt auch der Vertrieb nicht verschont. Da gilt es, neue Weg auszuprobieren wie mit der Online-Beratung. Die Aufgabe für Vertriebler in 2009 heißt deshalb: „Umdenken im Vertrieb“. Wer den Zug der Zeit nicht verpassen will, muss auf innovative Verkaufsmethoden wie Online-Beratung setzen. Dies spart Kosten und Zeit und erhöht den Umsatz. Deshalb bietet die Finanzkrise allen innovativen Vertriebsleuten eine Riesenchance, die heute schon auf Zukunftstrends setzen.

Auf einen Blick:
Online-Vertrieb eröffnet ganz neue Vertriebswege

Versicherungsvermittler können mit Webmeetings Partner, Mitarbeiter und Kunden schnell, einfach und kostengünstig erreichen. Einige Nutzer verbinden diese mit Videokonferenzen, um die Gesprächspartner über Webcams zu sehen. Zusätzlich können Anwendungen wie Powerpoint, Excel-Tabellen oder Flash-Animationen eingebaut werden, um komplexe Inhalte verständlicher darzustellen. Auch Formulare lassen sich online schnell gemeinsam ausfüllen. Für diejenigen, die nur wenige Kommunikationswege nutzen wollen und sich beispielsweise nur auf das E-Mail beschränken, gibt es auch Chats zur Online-Kommunikation. Bei mehreren Teilnehmern spricht man von einer Webkonferenz. Ideal für Webmeetings ist ein Headset, also ein Kopfhörer mit Mikrofon. Der Vorteil: man hat die Hände frei. Moderne Versionen sind kabelfrei, dafür aber teurer. Gerade die Flexibilität dieser neuen Verkaufswege macht den entscheidenden Vorsprung vor der Konkurrenz aus. Vermittler können damit schneller auf neue Kundenwünsche reagieren. Die neuen Kommunikationsmöglichkeiten zählen zu den Turbo-Tools im Vertrieb der Zukunft.

Checkliste: So klappt Ihre Online-Beratung!

Eine Online-Beratung müssen Sie genauso sorgfältig organisieren und vorbereiten wie ein persönliches Meeting. Allerdings ist der Ablauf ist anders, denn in der Online-Beratung gelten andere Spielregeln als im persönlichen Verkaufsgespräch. Dieser Mini-Leitfaden enthält die wichtigsten Punkte, damit Ihre Online-Beratung gelingt. Wenn Sie eine Online-Beratung vorbereiten, gehen Sie vor wie bei einem Meeting: Laden Sie Ihren Kunden ein und verschicken Sie per E-Mail Ihre Einladung an den Kunden, damit sich Ihr Kunde zeitlich und thematisch vorbereiten kann.

Agenda. Schreiben Sie in die Einladung konkrete Angaben zur Online-Beratung:

- Das Thema, z.B. „Altersvorsorge" oder machen Sie Trends zum Thema: „sichere Kapitalanlagen"
- Termin, Uhrzeit und voraussichtliche Dauer
- Einwahlnummer für die Telefonkonferenz mit PIN
- Unterlagen, z.B.: Welche Verträge sollen der Kunde bereithalten?

Durchführung. Rufen Sie Ihren Kunden an und eröffnen Sie das Gespräch wie beim persönlichen Warm-up. Bei einer Online-Beratung muss die Gesprächsführung klarer und direkter ausgeübt werden als bei einem persönlichen Treffen. Da nonverbale Kommunikationssignale wie zustimmendes Nicken fehlen, sind Nachfragen wichtig, um sicher zu gehen, dass der Kunde noch am Gespräch teilnimmt. Allerdings lässt sich dieses Fingerspitzengefühl trainieren. Aktives Zuhören und eine prägnante Präsentation sind wichtig, um erfolgreich den Draht zum Kunden zu halten.

Nachbereitung. Eine Telefonkonferenz ist ja nicht nur ein nettes Telefonat, sondern soll Ergebnisse bringen. Notieren Sie alles Wichtige, und geben Sie zehn Minuten vor dem geplanten Ende der Telefonkonferenz eine Zusammenfassung und fragen Sie Ihren Kunden: Entspricht das Angebot den Erwartungen des Kunden? Gibt es noch Fragen? Fehlt noch was? Soll ein Folgetermin festgelegt werden?

Mitschnitt. Bereiten Sie die Technik so vor, dass Sie Ihrem Kunden einen Mitschnitt der Online-Beratung als Wave-Datei mailen können. Damit sichern Sie sich ab in Bezug auf die Dokumentationspflicht des neuen VVG.

Schöne neue Vertriebswelten?

Wer einen tieferen Einblick in die Zukunft im Verkauf über das Internet sucht, sollte sich mit den neuen Chancen durch Web 2.0 informieren. Dort verändern sich Geschäftsprozesse deutlich durch Interaktion mit dem Kunden. Die sozialen Netzwerke werden zum wichtigen Bestandteil der Kommunikation und machen das Marketing in der Folge wesentlich komplexer. Werbung richtet sich nicht mehr an viele, sondern kann zielsicher personalisiert werden. Die Studie „Web 2.0 in der Assekuranz" zeigt, dass Rich-Media-Anwendungen wie Audio und Video in der deutschen Versicherungswelt auf dem Vormarsch sind und bald zum Standard zählen werden. Blogs, Wikis und Communities sieht die Assekuranz eher skeptisch. Virales Marketing ist bereits ein großer Marketing-Trend. Dies bedeutet: Lustige, provokante und unterhaltsame Videospots verteilen sich in Windeseile im Internet über hoch frequentierte Plattformen wie Youtube. Der Vorteil: man spart viel Werbegeld, weil die Kunden selbst die Werbung virusartig verbreiten. Makler können ihre Informationen per Sound und Video ins Netz stellen. Im Gegensatz zu Texten haben Filme eine stärkere emotionale Wirkung durch den Einsatz von Bildern und Stimmen. Die ersten TV-Sendungen im Web für Vertriebspartner laufen bereits erfolgreich. Freie Vermittler, Makler und Vertriebe können Web 2.0 zur Kundenansprache und Neukundengewinnung nutzen: beispielsweise Empfehlungs-Marketing über Xing oder durch Blogs, die quasi nichts kosten. Für ein qualitativ hochwertiges Video muss man natürlich einige Euros investieren. Aber viel besser als per Video kann man sich kaum potenziellen Kunden auf der eigenen Website präsentieren: Persönlicher ist nur noch das direkte Gespräch.*

Ihre Roadmap für Ihr Internet-Marketing

Unter Internetauftritt verstehen wir hier nicht allein die Einrichtung einer Homepage, sondern auch alle anderen Aktivitäten, die das Internet als Marketing-Instrument nutzen.

* Mehr zur Studie „Web 2.0 in der Assekuranz" von Claudia Hilker, Stefan Raake und Désirée Schubert gibt es online: http://www.hilker-consulting.de/studien.php

- Definieren Sie Ihre Ziele, z. B.: Anfragen generieren, Vertriebsunterstützung, Kundengewinnung. Formulieren Sie die Ziele „smart", so dass die Erfüllung messbar wird.
- Legen Sie die Anforderungen an die fachliche Qualifikation Ihrer Mitarbeiter fest, z. B.: entsprechendes Internetwissen, elektronische Kommunikation, Informationsbeschaffung, Software etc.
- Legen Sie die Organisation verbindlich fest: Welche Mitarbeiter sind für Ihren Internetauftritt und Beantwortung der Mails zuständig?
- Welcher Mitarbeiter ist für die Aktualisierung Ihrer Homepage zuständig? Setzen Sie ein CMS (Content-Management-System = Website-Redaktionssystem) ein, um die Kosten für die Aktualisierung zu sparen.
- Definieren Sie konkrete Aufgaben, z. B.: Gestaltung der Webseiten, Gestaltung von Formularen, die Einrichtung einer E-Mail-Adresse, die Gestaltung Ihrer Werbung im Internet etc.
- Bestimmen Sie die Vertriebswege. Ist bei Ihnen z. B. eine direkte Kundenanfrage über das Netz möglich, bei der die Daten automatisch in das interne Verwaltungsprogramm übernommen werden.
- Klären Sie die technischen Anforderungen, wenn Sie beispielsweise Videos und Audios einsetzen wollen.
- Gewährleisten Sie die Datensicherheit Ihrer Kunden und Ihres Unternehmens.

Ihre Presse-Arbeit braucht einen roten Faden

Beherzigen Sie das Motto „Tue Gutes und sprich darüber!" Damit können Sie Erfolgsfaktoren wie Bekanntheit und Vertrauen gezielt für Ihr positives Image einsetzen. PR hilft Ihnen, diese Kommunikation gezielt, professionell und erfolgreich einzusetzen. PR hat zudem viele Vorteile gegenüber der klassischen Werbung: Niedrige Kosten und hohe Glaubwürdigkeit sind hierbei die wesentlichen Unterscheidungsmerkmale.

Mit Public Relations managen Sie Ihre Kommunikation

PR vermittelt Standpunkte und ermöglicht Orientierung. Unternehmen setzen PR ein, wenn sie etwas zu sagen haben und Gehör finden wollen. Leider wird PR oft mit Werbung, Propaganda und Krisenbewältigung verwechselt. Nur wenige wissen, dass PR vom Dialog mit der Zielgruppe lebt. Pressearbeit trägt daher entschieden zum Geschäftserfolg bei, wenn sie strategisch geplant und kontinuierlich sowie langfristig betrieben wird. Durch Beziehungspflege zu den Bezugsgruppen wird Glaubwürdigkeit und Vertrauen aufgebaut. Problem: Nur wenige Finanzdienstleister kennen die Bedeutung von Public Relations und setzen die breite Klaviatur gezielt ein. Die Kunst besteht darin, eine intelligente Strategie zu entwickeln, Maßnahmen auszuwählen und die richtigen Worte für die Umsetzung zu finden. Zur PR zählen:

- Medien-Arbeit
- Krisen-Management
- interne Kommunikation
- Unternehmens-, Produkt- und Event PR
- Investor Relations für Anleger und Aktionäre
- Lobby-Arbeit zu Verbänden, Institutionen und VIP's der Branche.

Professionelle PR-Arbeit erhöht den Bekanntheitsgrad und verbessert das Image. Zudem wird die Bereitschaft zur Auseinandersetzung mit den Informationen über das Unternehmen gefördert. In Zeiten von Reizüberflutung ist dies ein wichtiger Punkt, denn es geht um Aufmerksamkeit – ein rares Gut! Einige Beispiele dazu: Werbeanzeigen werden nur zwei Sekunden betrachtet, Websites nur etwa sechs Sekunden und Plakate etwa eine Sekunde.

Public Relations bewirken langfristige Einstellungsänderungen. Nachhaltigkeit und Kontinuität sind erklärte Vorteile der PR. Sorgfältig geplant und langfristig durchgeführt, trägt Öffentlichkeitsarbeit massiv dazu bei, Unternehmensziele zu verwirklichen. Sie wirkt vertriebsfördernd, steigert die Umsätze und fördert die Neukunden-Akquise. Deshalb gehört PR als fester Bestandteil in jede gute Marketing-Strategie. Erfolgreiche Unternehmen brauchen – insbesondere in dem heutigen wettbewerbsorientierten Umfeld – ein gutes Image und einen hohen Bekanntheitsgrad. Nur so lassen sich wichtige Unternehmensziele erreichen. Ein gutes Image:

- fördert den Verkauf von Produkten, Ideen und Dienstleistungen
- gewinnt interessante Geschäftspartner und Kunden

- motiviert Mitarbeiter
- gewinnt qualifizierten Nachwuchs
- ist im Kapitalmarkt bares Geld wert
- beugt Krisen und Gerüchten vor
- bringt neue Kunden durch Empfehlungen.

PR braucht journalistische Denke

Wer in der Kommunikation nur Werbung einsetzt, braucht hohe Budgets. Ein geschickt platzierter redaktioneller Beitrag kostet kaum einen Bruchteil der Anzeigenkosten. Zudem schenkt der Leser den redaktionellen Informationen mehr Vertrauen als einer Werbeanzeige. PR bietet die Chance, komplizierte Inhalte anschaulich, verständlich und glaubhaft zu vermitteln. In punkto Kosten-Nutzen-Verhältnis ist PR also klar im Vorteil. Gute PR berücksichtigt die Funktionsweise der Medien, denn Journalisten verlangen Texte mit dichtem Informationsgehalt. Sie erwarten, dass PR-Meldungen die Nachrichtenwerte erfüllen:

1. Aktualität
2. Folgenschwere
3. Prominenz
4. Kuriosität
5. Fortschritt
6. Gefühl
7. Dramatik
8. öffentliche Bedeutung
9. Nähe: Relevanz für Zielgruppe, Branche oder Öffentlichkeit.

Sich prägnant, einfach und verständlich mitteilen

Viele Finanzdienstleister kommunizieren oft rein produktbezogen. Häufig fehlt das Bewusstsein, dass sie Dienstleister sind. Weder Beratung noch Finanzgeschäfte kann man sehen, fühlen oder riechen. Finanzanlagen sind ebenso abstrakt wie Finanzberatungen. Abstraktes Denken strengt das Gehirn jedoch enorm an. Schon allein deshalb zählt die Finanzberatung zu den Low-Interest-Produkten. Professionelle Kommunikation setzt Visualisierungen ein, um diese Hürde zu meistern. Denn ein Bild sagt mehr als tausend Worte. Die zentrale Dienstleistung im Finanzbereich ist die Beratung. Doch gerade diese kann der Kunde nicht im Vorfeld begutachten und bewerten. Er ist gezwungen, die „Katze im Sack" zu kaufen. Wem es also gelingt, in den Köpfen der Kunden positive Emotionen zu wecken, erhöht seine Verkaufs-Chancen immens. Denn dies nimmt dem Kunden die Angst, sein Geld falsch zu investieren oder an den falschen Berater zu geraten.

Finanzdienstleister brauchen für den strategischen Einsatz von PR klare Vorstellungen, welche Ziele in den nächsten Jahren erreicht werden sollen. Mögliche Ziele sind:

- 500 Neukunden innerhalb von zwei Jahren gewinnen
- Umsatzsteigerung um 30 Prozent pro Jahr im bAV-Geschäft
- Zusatzqualifikationen durch Weiterbildung zur Qualitätsverbesserung.

Dies sind keine Ziele, die in der Öffentlichkeit kommuniziert werden, sondern es sind interne Ziele. Sie sollen im Alltag den Focus lenken. Beispielsweise nützt es wenig, das Ziel zu verfolgen, den Verkauf von Fonds zu steigern, sich aber weiterhin auf Sachversicherungen zu konzentrieren. Wenn die unternehmerischen Ziele nicht dokumentiert werden, dann sollte das schnellstmöglich nachgeholt werden. Es hilft Ihnen bei Ihrer erfolgreichen Geschäftsentwicklung. Zudem können Kosten eingespart und Ressourcen effizienter genutzt werden. Auch für die Öffentlichkeitsarbeit gilt: Blinder Aktionismus ist eine Kostenfalle. Betreiben Sie PR daher niemals ohne sorgfältige Planung. Wenn Sie mit einem externen PR-Berater zusammenarbeiten, achten sie darauf, dass er eine schlüssige Strategie vorlegen kann! Nur sporadisch eine Pressemitteilung zu verschicken, bringt keinen Erfolg. Eine gute PR-Strategie sollte dabei fünf verschiedene Grundprinzipien beachten:

1. **PR ist aktiv:** So können falsche Informationen, Vorurteile oder Fehleinschätzungen vermieden werden. Das aufrichtige und offensive Kommunizieren verschließt Gerüchten und Mutmaßungen die Tür.

2. **PR ist regelmäßig und verlässlich:** Es wirkt unglaubwürdig nur dann zu kommunizieren, wenn Druck von den Zielgruppen ausgeübt wird. Zweifel können aufkommen und auf Dauer das Vertrauensverhältnis zwischen Kunden und Finanzdienstleistern zerstören.

3. **PR ist glaubwürdig:** Aussagen müssen der Wahrheit entsprechen. Offenheit ist sehr wichtig und baut kontinuierlich eine dauerhafte und beständige Vertrauensbasis zwischen Kunden und Finanzdienstleistern auf.

4. **PR ist einfach und deutlich:** Verschachtelte Sätze und Fachjargon führen zu offenen Fragen, Missverständnissen und Ablehnung. Besonders wenn es sich um ein solch abstraktes und wichtiges Thema wie Finanzen handelt. Als Kunde muss man viel Vertrauen in Finanzdienstleistungen haben. Erst wenn der Sachverhalt verstanden wird, kann ein Urteil gebildet und Vertrauen gefasst werden.
5. **PR muss geplant sein:** Ein Maßnahmenplan hilft, regelmäßig Informationen herauszugeben. Hierbei sollten folgende Maxime beachtet werden: Einfachheit, Kürze und Verständlichkeit. Damit der Wiedererkennungseffekt genutzt wird, ist ein einheitliches Layout von Presseinformationen wichtig.

Aufmerksamkeit ist ein knappes Gut. Blumen sollen neue Impulsgeber im Unternehmens-Marketing erreichen, so erhoffte es sich jedenfalls Fleurop und startete im Sommer 2006 eine Vortragsreihe durch Deutschlands Marketing-Clubs. Dabei sollen auch tradierte Vorstellungsmuster – beispielsweise, dass man Männern keine Blumen schenken kann – endgültig verabschiedet werden.

Empfehlung für die Finanz-Agentur Herbert Müller

Kommunikative Maßnahme	Maßnahmen
Bekanntheitsgrad erhöhen	Medien-Arbeit Messe-Präsenz
Partnerbindung festigen	Newsletter für Kunden Richtlinien für mehr Produktivität Mentoren-Programme Tag der offenen Tür Events (Jubiläum)
Mitarbeiter-Motivation	Mitarbeiter-Zeitschrift Interne Newsletter Schwarzes Brett
Unternehmenspräsentationen	Broschüren/Flyer Basis-Pressemappe

Online Marketing-Kampagnen organisieren

Dialogmarketing-Kampagnen und -aktionen können effektiv mit webbasierten Marketing-Datenbanken geplant durchgeführt, kontrolliert und bewertet werden. Einige Versicherer nutzen schon heute diese „Werkzeuge", um den Informationsaustausch zwischen der Marketing-Abteilung, selbstständigen Vertriebspartnern (Geschäftsstellen) und externen Dienstleistern (z.B. Call-Centern) zu steuern.

Geschäftsstellen können dann individuell entscheiden, wann sie welche Dialogmarketing-Aktion dezentral durchführen. Aktuelle Informationen zu den angebotenen Kampagnen und Aktionen können jederzeit online eingesehen werden. Die eingebundenen Dienstleister werden laufend über Planung, Beginn und Ende von Dialogmarketing-Aktionen unterrichtet, ebenso über Änderungen des öffentlichen Erscheinungsbilds des Versicherers, über neue Inhalte oder auch Änderungen im Corporate Design. Dies sorgt für einen reibungslosen Ablauf und somit für eine effizientere Kampagnen- und Aktionsgestaltung des Versicherers.

PR als Erfolgstreiber

Public Relations unterstützen Finanzberater, die bestehenden Geschäftsbeziehungen zu pflegen und neue Kunden zu gewinnen. PR bietet zudem die einmalige Chance, sich klar von der Konkurrenz abzuheben und die Erfolgsfaktoren wie Kundenzufriedenheit, Vertrauen, Glaubwürdigkeit, Bekanntheit und positives Image für sich zu nutzen. Des Weiteren ist PR kostengünstig und langfristig strategisch planbar. Letztendlich bietet PR die Chance, sich dauerhaft auf den schwer umkämpften Finanzmarkt zu behaupten. Ein kompetenter Dienstleister hilft dabei enorm. Den optimalen Partner zu finden, kann mitunter viel Zeit in Anspruch nehmen. Ein Tipp: Nehmen Sie sich diese Zeit! Die Entscheidung für die richtige Agentur spart Zeit, Geld und Nerven.

Wie finde ich die richtige PR-Agentur?

Ob Online-PR, Event-PR, die Publikation eines Kundenmagazins, interne Kommunikation oder Krisen-PR – alle diese Aktionen müssen professionell geplant und durchgeführt werden. Dies erfordert viel Know-how, langjährige Branchenerfahrungen und gute Medienkontakte. Wie Sie Ihren PR-Berater auf Herz und Nieren prüfen, lesen Sie in der Checkliste in der Anlage.

Wie Sie Direktmarketing erfolgreich einsetzen

Formale Gestaltungsregeln im Direktmarketing

Klassische Werbebriefe sind auch noch im Internetzeitalter sinnvoll und die einzige Chance für einen direkten Massenkontakt ohne vorherige Zustimmung. So dürfen Sie E-Mails nur nach Einwilligung der Empfänger versenden. Auch der telefonische Erstkontakt ist bei Privatkunden nur bei einer bestehenden Geschäftsbeziehung möglich. Werbebriefe haben aber den Nachteil, dass sie sich in den Briefkästen häufen und größtenteils im Papierkorb landen. Um das zu vermeiden, muss Ihr Werbebrief nicht nur optisch und inhaltlich, sondern auch formal perfekt sein.*

---

* **Literaturtipp:** Alexander Jürries (2009): Kundenakquise mit Werbebriefen – einfach und überzeugend.

Einige formale Gestaltungsregeln

- **Richtige Zielgruppe:** Ihre Mailing-Aktion ist nur dann erfolgreich, wenn Sie mit dem richtigen Angebot die richtige Zielgruppe ansprechen. Segmentieren Sie daher Ihren Markt und grenzen Sie eine Gruppe von Empfängern ein, die über gemeinsame Merkmale verfügt. Die korrekte Adresse mit der richtigen Schreibweise des Namens ist natürlich ein weiteres Muss.
- **Interessanter Absender:** Der erste Blick des Lesenden fällt meist auf den Absender. Wenn es schon wieder ein Schreiben einer Klassenlotterie ist, in dem ihm bereits auf dem Umschlag marktschreierisch mitgeteilt wird, dass er den Millionengewinn quasi schon auf dem Konto habe, wird der Brief ungeöffnet im Altpapier landen. Versenden Sie Werbebriefe daher nicht zu häufig und achten Sie auf interessante und seriöse Absenderinformationen.
- **Betreff:** Nach dem Absender fällt der zweite Blick auf den Betreff. In diesem sollte bereits der zentrale Kundennutzen stehen, um zum Weiterlesen zu animieren.
- **Anrede:** Vermeiden Sie das unpersönliche „Sehr geehrte Damen und Herren", und sprechen Sie die Empfänger namentlich an. Wiederholen Sie die persönliche Anrede auch im Text an einer inhaltlich entscheidenden Stelle. Mit diesem einfachen Mittel können Sie, lieber Herr ... / liebe Frau ..., die eventuell zum Ende des Briefes hin nachlassende Aufmerksamkeit wieder auffrischen.
- **Key-Words:** Einige wenige zentrale Begriffe oder Kernaussagen sollten Sie fett oder kursiv setzen, denn erfahrungsgemäß geht dem intensiven Lesen ein Überfliegen des Textes voran. Damit sichert sich der Lesende nochmals ab, dass sich die Beschäftigung mit dem Brief wirklich lohnt.
- **Unterschrift:** Damit der Eindruck entsteht, dass der Brief vom Verfasser persönlich kommt und keine anonyme Massenproduktion ist, sollten Sie jeden Brief von Hand unterschreiben. Dies geht natürlich nur bis zu einer bestimmten Stückzahl. Ansonsten sollte Ihre Unterschrift zumindest in blauer Tinte ausgedruckt werden.

P.S.: Hier wird die zentrale Botschaft Ihres Werbebriefes noch einmal zusammengefasst.

Mehrstufiges Mailing

Im Direktmarketing braucht es oft mehrere Anläufe, bis sich potenzielle Kunden zu einem Kontakt oder Wechsel entschließen. Mit einem mehrstufigen Mailing können Sie häufig mehr ausrichten als mit einem einzelnen Briefversand. Mit einem ersten Mailing machen Sie sich zunächst bekannt und interessant. Manche Empfänger nehmen sich nach dem zweiten Anschreiben vor, mit Ihnen Kontakt aufzunehmen, bevor es die letzten nach einem Erinnerungsbrief auch tatsächlich tun. In mehreren Stufen motivieren Sie also auch unschlüssige oder einfach träge Kunden zum Handeln und verbessern die Erfolgsbilanz ihrer Mailingaktion. Zugegeben: Für mehrstufige Mailings müssen Sie ihr Budget noch einmal aufstocken. Dennoch lohnt es sich in vielen Fällen, mehrere Aussendungen einzuplanen und zeitlich und inhaltlich aufeinander abzustimmen. Einige Beispiele:

- Sie wollen ihre Zielgruppe über einen längeren Zeitpunkt für die Problematik der Altersvorsorge sensibilisieren. Wenn Sie zuletzt ihre Lösung präsentieren, stoßen Sie auf offene Ohren.
- Sie wollen Teilnehmer für ein Ereignis gewinnen, z. B. viele Teilnehmer für eine bAV-Veranstaltung.

Der wichtigste Vorteil: Sie schöpfen das Zielgruppenpotenzial vollständig aus. Die Zahl der Antworten geht zwar von Aussendung zu Aussendung zurück. Die Bilanz einer mehrstufigen Kampagne fällt jedoch insgesamt günstiger aus als bei einer isolierten Aktion.

Grundaufbau eines mehrstufigen Mailings

Das klassische mehrstufige Mailing verläuft in drei Schritten:

1. Das erste Mailing macht neugierig. Es enthält alle Informationen in Kompaktform und wird häufig als Postkarte verschickt. Im Einsteige-Mailing nennen Sie Anlaufstellen für weitere Informationen. Nennen Sie eine Internetadresse und halten Sie ein umfassendes Informationspaket bereit, das Sie auf Anfrage kurzfristig versenden können.

2. In der zweiten Mailingstufe vermitteln Sie möglichst überschaubar Ihre Alleinstellungsmerkmale (USP). Das Informations- oder Verkaufsmailing vermittelt Produktinformationen und -vorteile und enthält als wesentliche Bestandteile Anschreiben mit möglichst mehreren Reaktionsmöglichkeiten: Antwortkarte oder -fax, eine Internetadresse oder Service-Telefonnummer. Beweisen Sie Ihre Aussagen zum Produkt mit Gutachten und Testergebnissen unabhängiger Institute. Damit wird die Botschaft eines vorausgegangen Mailings noch verstärkt. Sie bewegen weitere Empfänger, die sich auf das letzte Mailing hin noch nicht gerührt haben, zur Reaktion. Setzen Sie Aufmerksamkeits- (z.B. ungewöhnliche Formate, spielerische Elemente) und Reaktionsverstärker (z.B. Gewinnspiele, Geschenke bei frühzeitiger Buchung) ein.
3. Die dritte Aussendung geht als Nachfass-Mailing an bisherige Nicht-Reagierer. Wiederholen Sie die ein bis zwei stärksten Nutzenargumente und nennen Sie zusätzliche Vorteile. Das Erinnerungs-Mailing trifft kurz vor einem Tag X, an dem eine Bestellfrist endet oder das Ereignis stattfindet, bei den noch verbliebenen Nicht-Reagierern ein. In diesem letzten Mailing vermitteln Sie die Dringlichkeit des Handelns. Beispielsweise läuft zu einem bestimmten Zeitpunkt eine Frist ab, bis zu der Kunden nach dem Frühbucherprinzip noch zu einem Vorteilpreis bestellen können. Vermeiden Sie bei Erinnerungs-Mailings, lehrerhaft auf Ihre letzten Anschreiben hinzuweisen („Im letzten Brief hatten wir Ihnen bereits das neue Baukastensystem vorgestellt."). Bieten Sie neue Vorteile wie ein zusätzliches Geschenk oder verlängern Sie die Dauer eines unverbindlichen Tests. Fordern Sie in jedem Mailing zum direkten Handeln auf. Belohnen Sie schnelle Antworten mit einem Zusatznutzen.

In der Regel ist jedes Mailing in sich geschlossen und kann für sich allein stehen. Wenn Sie nicht das Thema variieren, dann setzen Sie verschiedene Darstellungsformen ein: kurz und bündig auf einer Postkarte oder ausführlich und persönlich in Briefform. Formulieren und gestalten Sie zuerst die Langfassung und kondensieren Sie den Inhalt dann auf Postkartengröße. Ein einfacher Trick, wenn z.B. im Vorfeld einer Produkteinführung keine Zeit mehr für Kreativität bleibt:

Verschicken Sie den gleichen Inhalt im Erinnerungs-Mailing erneut und wandeln Sie nur das Anschreiben leicht ab. Texten Sie z.B. im Einstieg: „Damit Sie es nicht vergessen“ oder „Wenn Sie noch nicht geantwortet haben“ oder bei Veranstaltungen „Damit Sie den Termin nicht versäumen.“ Machen Sie ihr Vorgehen transparent, indem Sie den Umschlag mit einem Hinweis wie „Zweitausfertigung“, „Sicherheitskopie“ oder „Duplikat“ versehen. Setzen Sie diese Taktik nur ein, wenn es zeitlich brennt, sonst nutzt sich die Wirkung ab.

Zeitliche Abstufung: Der „2 + 2 + 4 + 4“-Rhythmus

Nach dem Einstiegs-Mailing verschicken Sie das Informations- oder Verkaufs-Mailing innerhalb von 14 Tagen. Das Nachfass-Mailing wiederum nach 14 Tagen. Bei eventuell darauf folgenden Erinnerungs-Mailings gehen Sie zu einem monatlichen Versand über.*

Als Finanzdienstleister haben Sie oft nur ein kleines Budget

für Werbeaktivitäten. Aber ohne Werbung gewinnen Sie keine Neukunden. Es ist deshalb unerlässlich, Ihre Werbemaßnahmen genau zu planen, um hohe Streuverluste zu vermeiden. Vor allem, wenn Sie neu am Markt sind, müssen Sie auf sich und Ihr Angebot aufmerksam machen. Die ersten Kunden sind meist relativ leicht durch Mundpropaganda gefunden. Diese ist zwar überaus wirksam, entwickelt sich jedoch naturgemäß erst langsam. Und so viel Zeit haben Sie in der Regel während der Gründungsphase nicht. Für eine erfolgreiche Werbestrategie brauchen Sie keine riesigen Werbebudgets, auch mit kleinen Etats lassen sich große Erfolge verbuchen. Dazu muss Ihre Werbung anders sein und sich von der Standardwerbung etablierter Firmen abheben. Dazu fünf Tipps:

* **Literaturtipp:** Wolf Hirschmann (2008): Direktmarketing. Erfolg durch Direktwerbung, Mailings & Co.

1. **Zielgruppengerecht werben:**
   Nur wer seine Zielgruppe sowie deren Bedürfnisse und Vorlieben kennt, kann sie mit der richtigen Werbung im richtigen Medium erreichen. Zunächst müssen Sie also Ihre Zielgruppe exakt analysieren.
2. **Mitbewerber kennen lernen:**
   Wie sieht das Produkt-/Dienstleistungsangebot Ihrer Konkurrenz aus? Wo liegen deren Stärken, wo die Schwächen? Welche Werbemedien bevorzugen Ihre Mitbewerber? Dafür ist es wichtig, eine Konkurrenzanalyse zu erstellen.
3. **Einheitliches Erscheinungsbild:**
   Mit einem einheitlichen Erscheinungsbild erreichen Sie höhere Werbe-Erfolge. Deshalb sollten Sie bei der Gestaltung von Werbematerialien wie Logos, Flyer, Visitenkarten und Webseiten auf die einheitliche Design- und Farbgestaltung achten. Wenn ein potenzieller Kunde aufgrund eines Flyers Ihre Webseite besucht, muss er sofort erkennen können, dass er bei der richtigen Firma ist.
4. **In Ihrer Werbung eine gezielte Botschaft hervorheben:**
   Zeigen oder sagen Sie Ihrem Kunden, warum er gerade Ihr Produkt kaufen soll. Übertreiben Sie aber nicht. Daher sollten Werbeslogans vor Ihrem Einsatz in der Praxis ausgiebig getestet werden.
5. **Ausreichenden Werbe-Etat einplanen:**
   Selbst Finanzdienstleister sollten mindestens 2 bis 3 Prozent ihres Umsatzes in die Werbung stecken. In der Startphase darf es sogar ruhig etwas mehr sein. Planen Sie die Aktionen langfristig, aber entscheiden sollten Sie sich bei Werbemedien eher kurzfristig. Kriterium ist hier der Erfolg des Mediums.

Schaffen Sie durch Events gemeinsame Erlebnisse

Besitzer von Reisebüros oder Fitnessclubs haben es mit ihren Zielgruppen leicht: Sie bieten ihnen, was diese suchen: Spaß, Erlebnis und Abenteuer. Versuchen Sie, sich davon eine Scheibe abzuschneiden. Denn Events sind stark gefragt. Erlebnis-Werbung ist auf dem Vormarsch. Gängige Werbemittel wie Anzeigen, Prospekt oder Fernsehspot – Mittel mit hohen Streuverlusten – verlieren zunehmend an Bedeutung. An ihre Stelle tritt eine neue Form der Werbung, die den Kunden direkt anspricht, ihn in eine gemeinsame Erlebniswelt einlädt. Denken Sie daran: Wer an einem Event mit positiven Erlebnissen teilnimmt, ist für entsprechende Botschaften viel offener. Ob nun Einweihungsparty, Einladungen zu Sommerfesten oder Sportfest, es gibt eine Fülle von Möglichkeiten, den Kunden durch gemeinsame Erlebnisse enger zu binden.

Kundenbindung als Ziel

Das Ziel der Erlebniswerbung besteht immer darin, Kunden an sich zu binden, Stammkunden zu halten, Umsätze besser planen zu können. Oberflächlich betrachtet ist Erlebniswerbung zwar teurer als die klassischen Werbemittel, es muss aber bedacht werden, dass sie sonst kaum ansprechbare Zielgruppen viel besser erreicht und von daher letztlich billiger wird. Die Intensität des Kundenkontakts ist unvergleichlich viel höher, und es kommt nur zu minimalen Streuverlusten. Durch Events gelingt es nachgewiesenermaßen leichter, Kunden zum Wiederkommen zu bewegen, d.h., sie zu Stammkunden zu machen. Damit ergeben sich folgende Positiveffekte: Die Marktposition des werbenden Unternehmens festigt sich, die Marketing-Kosten werden reduziert, das Unternehmen schließt sich vom Preiskampf aus, und der Kunde testet nun auch andere Produkte und Leistungen dieses Unternehmens.

Fazit: Persönliches Dienstleistungs-Marketing mit fachlicher Kompetenz ist gefragt! Schließlich ist es fünfmal teurer, einen neuen Kunden zu gewinnen als einen Stammkunden zu halten. Es genügt heute nicht mehr, seine Leistungen und Angebote mit einem Höchstmaß an Marketing-Aktivitäten an den Mann oder die Frau bringen zu wollen. Als Dienstleister müssen Sie dem von Ihren Zielgruppen erzwungenen Strukturwandel ohne große Reibungsverluste erfüllen.

Die Methoden dazu sind:

- gezielte Spezialisierung,
- Besetzen von Marktnischen,
- Zusatznutzen zu Produkten und Leistungen schaffen. Kaufprozesse vereinfachen.

Ihre Checkliste zur Neukunden-Akquise

Schöpfen Sie die Möglichkeiten Ihres Verkaufsgebiets aus. Egal wie viele Planer und Zeitmanagementsysteme Außendienstmitarbeiter verwenden – letzten Endes hat der Tag viel zu wenig Stunden. Auf der Strecke bleibt dann regelmäßig die Neukundengewinnung. Das muss nicht sein: Häufig fehlt es ganz einfach am systematischen Vorgehen. Unsere Tipps helfen Ihnen, das Potenzial Ihres Verkaufsgebiets besser auszuschöpfen und neue Kunden zu gewinnen, ohne Ihre gesamte Zeit darauf zu verwenden.*

1. **Gehen Sie strategisch vor!**
   Ohne Ziele und Planung sind neue Abschlüsse reine Zufallstreffer. Beginnen Sie deshalb mit einer sorgfältigen Analyse der Potenziale in Ihrem Gebiet: Welche prospektiven Kunden gibt es in Ihrem Gebiet, und welche dieser Kunden sind auch lohnende Investments? Lassen Sie Ihre Recherche in eine Prognose über das mögliche Umsatzvolumen und die erwartete Kundenrentabilität münden. Auf dieser Grundlage können Sie potenzielle Neukunden klassifizieren. Mit Unternehmen, von denen Sie wenig zu erwarten haben, sollten Sie sich gar nicht erst abmühen.

2. **Nicht nur die Größe zählt.**
   Gerade unerfahrene Außendienstler geraten häufig in Versuchung, sich zunächst auf die großen Unternehmen in Ihrem Gebiet zu konzentrieren. Die Chancen, bei den großen Spielern einen Abschluss zu machen, sind aber oft geringer – und häufig ist der Aufwand sehr hoch. In vielen Fällen kostet Sie bereits ein erster Kundenbesuch bei Großunternehmen einen ganzen Tag, und Sie haben noch keinen einzigen Entscheider kennengelernt.

3. **Brechen Sie Ihre Ziele herunter.**
   Gehen Sie bei Ihrer Besuchsplanung mit System vor und legen Sie zunächst Ihre Quartals- und Monatsziele fest. Brechen Sie diese Ziele auf die Woche herunter und planen Sie auf dieser Grundlage die einzelnen Tage. Softwareprogramme für den Außendienst können Sie dabei unterstützen, aber für den Start reichen ein Taschenrechner und Ihr Kalender schon aus.

* **Literaturtipp:** Christine Behle / Renate vom Hofe (2006): Handbuch Außendienst.

4. **Halten Sie sich an Ihren Plan.**
Eine Matrix mit vier Feldern hilft Ihnen, am Ball zu bleiben: Teilen Sie die Matrix ein in (1) „Abschluss innerhalb eines Monats", (2) „Abschluss innerhalb des Quartals", (3) „Langfristiger Zielkunde" und (4) „Besuch noch diese Woche". Aktualisieren Sie die Matrix wöchentlich. Wenn Sie eine Planung entwickelt haben, mit der Sie gut arbeiten können, können Sie abschätzen, wie viel Zeit Sie in einen potenziellen Kunden investieren können. Zudem können Sie die Erfüllung Ihrer Zielvorgaben besser erfüllen.

5. **Planen Sie nicht zu eng.**
Lassen Sie immer genug Puffer bei der täglichen Planung. Wenn Sie vor oder nach einem Kundenbesuch noch Zeit übrig haben – um so besser. Schauen Sie bei einem Kunden in der Nähe vorbei, oder drehen Sie eine Runde in einem Gewerbegebiet, dass Sie noch nicht kennen und halten Sie Ausschau nach interessanten Unternehmen.

6. **Motivieren Sie sich durch die Routenplanung.**
Wann immer es möglich ist, planen Sie Ihre Route so, dass Besuche bei Firmen, die am weitesten von Ihrem Büro bzw. Wohnsitz entfernt sind, morgens stattfinden. Dann arbeiten Sie sich nach und nach mit Ihren Kundenbesuchen Richtung Heimat vor, so dass Sie zum Abschluss des Tages einen regelrechten Endspurt hinlegen können. Diese Art der Routenplanung mag zwar nicht immer die mathematisch optimale Lösung sein, dafür motiviert sie aber ungemein.

C) Wie Sie Ihre Kunden binden

König Kunde: Früher war es relativ einfach, ihn einzuordnen. Heute weiß der Unternehmer nicht mehr, woran er ist. Viele Finanzdienstleister arbeiten aus dem Bauch heraus. Das minimiert aber Ihre Erfolgschancen. Die Erkenntnisse der Psychologie helfen, ein ausgereiftes Marketing zu entwickeln.

Die Psychologie der Kundenbindung

Kunden ertrinken in einer Flut von über 80 000 Werbebotschaften täglich. Marken sind austauschbar, die Produktvielfalt ist unübersichtlich und der Kampf um Aufmerksamkeit wächst. Wie hebt man sich als Vermittler hervor? Meine Antwort: Nutzen Sie die Servicewüste Deutschland für sich! Vermitteln Sie Kundenservice durch Testangebote. Berechnen Sie für die erste Beratung kein Honorar. Verschenken Sie etwas, was der Kunde nicht abschlagen kann. Überraschen Sie mit kostenlosen wertvollen Informationen. Plaudern Sie aus dem Nähkästchen, verschicken Sie Tipps. Dieser Tipp sollte:

- Teil der Kernkompetenz Ihres Unternehmens und nicht ohne weiteres zu erbringen sein und
- einen wirklichen Mehrwert für den Beschenkten darstellen.

Bieten Sie Konsistenz

Menschen haben das Bedürfnis nach Konsistenz, also in Verbindung mit ihren Werten zu handeln. Denn wer konsistent handelt, wird von anderen als stark, logisch, vernünftig und stabil angesehen. Eigenschaften, die wir als Unternehmer gern in unser Image aufnehmen. Wer also Geschäfte abschließen und dauerhaft Kunden gewinnen und binden möchte, sollte bestrebt sein, seine Leistungsversprechungen aus Broschüren und Website auch einzulösen. Lassen Sie also Ihren Worten genau jene Taten folgen. Versprechen Sie nichts, was Sie nicht halten können.

- **Arbeiten Sie mit Verknappung**
  Trotz Überflussgesellschaft funktioniert noch das Prinzip der Produktverknappung. Eine letzte Eigentumswohnung in einem attraktiven Viertel oder die limitierte Zeichnung eines begehrten Fonds. Auch knappe Zeit zählt dazu. Wer immer und überall erreichbar ist, wirkt uninteressant.

- **Erzeugen Sie Sympathie**
  Kunden kaufen lieber von sympathischen Menschen. Biedern Sie sich nicht an, sondern erzeugen Sie gezielte Sympathien. Verteilen Sie ehrliche Komplimente, das hört jeder Mensch gern. Achten Sie aber darauf, dass Sie authentische Aussagen treffen.

- **Bauen Sie Ihren Expertenstatus aus**
  Menschen folgen Autoritäten. Im Geschäftsleben lässt sich diese Erscheinung positiv und mehrfach nutzen, um Kunden zu gewinnen und langfristig zu binden. Zuerst müssen Sie die Kernkompetenz Ihres Unternehmens definieren, mit der Sie sich von der Konkurrenz unterscheiden. Es geht darum, sie auszubauen und parallel zu kommunizieren. Wer von potenziellen und bereits bestehenden Geschäftspartnern als kompetent eingestuft wird, ist eine Autorität. Von dieser kauft man, mit dieser macht man lieber Geschäfte, bei ihr hat man das wohlige Gefühl: da bekomme ich das Beste für mein Geld.

Erinnern Sie sich noch an die alten Zeiten? Mit einfachen Fragen samt richtiger Einwandtechnik erzielten Sie als Verkäufer Wachstum in zweistelligen Dimensionen. Heute reicht das nicht mehr aus. Kundenorientierung, Qualifizierung und Flexibilität zählen mehr denn je. Unternehmen müssen ihre Kunden in den Mittelpunkt stellen und ihr Marketing nach deren Bedürfnissen ausrichten. Die Kundenbeziehung wird zum zentralen Erfolgsfaktor. Vermittler passen sich wie Chamäleons an ihre Umgebung an und bedienen zukünftig unterschiedliche Rollen je nach Kundenwunsch ganz flexibel:

- ganzheitlicher Kundenberater und Lebenshelfer
- Kommunikationsprofi, IT-Experte und Info-Broker
- Beziehungsmanager, Partner und Freund.

Wie Sie Ihre Kunden begeistern

Kunden begeistern: Mit sieben Schlüsseln den Erfolg in der Zukunft sichern

Ihre Produkte und Dienstleistungen werden von Jahr zu Jahr besser – doch die der Konkurrenz leider auch. Sich eine attraktive Position auf dem Markt zu erarbeiten, wird deshalb schwierig und ist oft sogar unmöglich. Die strategische Schlüsselfrage für den Erfolg heißt also: Wie stellen Sie sicher, dass Ihre Kunden auch morgen noch bei Ihnen kaufen? Die Lösung: Setzen Sie sich mit Zukunftstrends auseinander. Und machen Sie es sich zum unternehmerischen Ziel, jeden einzelnen Kunden zu gewinnen, zu begeistern und langfristig zu binden! Die sieben Schlüssel eröffnen Ihnen für den Markt von morgen neue Wege zum Kunden. Die Beziehung zwischen Käufer und Verkäufer hat sich entschieden gewandelt. Alte Verkaufstechniken greifen immer weniger, während neue Verkaufsstrategien immer wichtiger werden. Kunden möchten nicht einfach nur als Abnehmer einer Dienstleistung gesehen werden. Ein Kauf verläuft aus Kundensicht nur dann zufrieden stellend, wenn ein Kaufwunsch geweckt und erfüllt wird. Wer freundlich und kompetent berät, bei dem kauft der Kunde gerne, kommt wieder und empfiehlt ihn weiter. Sieben Schlüsselfaktoren haben Einfluss auf den Kaufwunsch des Kunden. Je mehr davon erfüllt sind, desto stärker fühlen sich Menschen von einem Angebot angezogen. Diese Faktoren sind auf den Ebenen Markt, Unternehmen und Individuum angesiedelt. Wenn nur bei einem dieser Größen ein zentrales Element fehlt, verringert dies die Anziehungskraft Ihres Angebots. Beginnen Sie daher mit der Optimierung des Schlüsselfaktors, bei dem Sie die größten Schwachstellen sehen. Schritt für Schritt entfalten Sie so Ihr Potenzial auf allen Ebenen. Nutzen Sie den folgenden Überblick: Analysieren Sie die sieben Schlüsselfaktoren und definieren Sie die ersten Umsetzungsschritte in Ihrem Unternehmen.

1. **Schlüssel Positionierung**
   Menschen kaufen Marken Immer mehr Menschen kaufen beim Aldi und geben das dabei gesparte Geld abends beim Edel-Italiener aus. Für Finanzdienstleister stellt sich die Frage, ob sie zur Discountkategorie gehören wollen oder auf Qualitäts- und Service-Führerschaft setzen. Denn die Mitte stirbt, d.h., das Mittelmaß wird vom Kunden immer seltener nachgefragt. Scharlatane und schwarze Schafe kata-

pultieren sich selbst aus dem Markt. Dafür sorgt ein weiterer Zukunftstrend. Die Märkte der Zukunft werden vor allem durch eines gekennzeichnet sein: Transparenz! Top-Leistungen mit Expertenstatus und Nutzenvorsprung sind gefragt. Die rasante Entwicklung des Internets verbessert deutlich die Verfügbarkeit von Informationen. Über webbasierte Expertenforen stehen Kunden hochqualitative Information zu niedrigen Kosten zur Verfügung. Die Folge: Käufer sind immer besser aufgeklärt und Märkte werden immer transparenter. Daher ist es wichtig für Sie, Ihren Expertenstatus dauerhaft und offen nach außen zu kommunizieren. Je tiefer Ihr Fachwissen ist, umso mehr Durchschlagskraft können Sie entwickeln. Ihre Ressourcen sind aber begrenzt. Deshalb sollten Sie sie zielgerichtet und strategisch einsetzen.

2. **Schlüssel Networking**
Menschen kaufen aufgrund von Empfehlungen. Mund-zu-Mund-Propaganda zum eigenen Vorteil zu initiieren und aktiv zu gestalten, zählt zu den wichtigsten Methoden der Neukundengewinnung. Potenzielle Kunden vertrauen vermehrt auf die Empfehlungen ihrer Bekannten und Freunde statt auf Werbeaussagen. Durch die Entwicklung einer Story, einem Detail der eigenen Dienstleistung, das der Kunde gerne und begeistert weitererzählt, können Sie Ihre Kunden aktiv zur Weiterempfehlung einladen. Networking mit anderen Unternehmern erlaubt Ihnen ebenfalls, mit geringstem Aufwand und in kürzester Zeit neue Kunden zu finden. Doch gibt es hier einen Faktor, der oft übersehen wird. Oft arbeiten nämlich Unternehmen zusammen, die selbst nicht so erfolgreich sind. Und dann hofft jeder der Kooperationspartner, dass er dem anderen einen Auftrag abluchsen kann. Und damit ist der Networking-Gedanke zum Scheitern verurteilt, bevor er sich überhaupt entwickeln konnte. Die wichtigste Voraussetzung dafür, dass Networking zum Erfolg wird, ist sogar vielen selbst ernannten Networking-Experten nicht bekannt. Sie lautet: Erfolgreiches Networking setzt einen Expertenstatus für eine bestimmte Zielgruppe mit Mehrwert voraus. Leistungsfähige Unternehmen, die selbst einen Expertenstatus haben, sind nur an der Kooperation mit Experten interessiert, die der eigenen Kundenbeziehung einen zusätzlichen Nutzen geben können.

Tierische Rechtsschutzversicherung

Wer bei einem Zebrastreifen vergisst zu bremsen, braucht sich nicht zu wundern, wenn er von den Grünen die rote Karte gezeigt bekommt. Rechtschutzversicherungen gelten als Luxuspolicen. Kann man haben, muss man aber nicht. Darum fällt es den Rechtschutzversicherern schwer, noch groß zuzulegen. Mit einer im wahrsten Sinne des Wortes „tierischen" Werbekampagne versuchte die Arag, Autofahrer als Kunden zu gewinnen.

3. **Schlüssel Qualifikation**
   Menschen kaufen von qualifizierten Anbietern. In vielen Unternehmen fehlt die klare Definition der Qualität. Die Mitarbeiter verfügen nicht über notwendige Arbeitsgrundlagen: Informationen fließen nicht, die Ziele sind nicht definiert und Kompetenzen sind nicht zugewiesen. Was daraus folgt, ist nicht nur schwindende Mitarbeitermotivation, sondern auch niedriges Qualitätsniveau in der Kundenberatung. Wenn die Grundlagen nicht stimmen, kann kein Motivationstraining langfristiges Wachstum bewirken. Es ist im Prinzip wie im Rennsport: Solange Michael Schumacher mit schlechten Reifen und mit einem unzuverlässigen Auto zu kämpfen hatte, war es sein vordringlichstes Ziel, am Auto und an den Reifen zu arbeiten. Denn selbst der höchstmotivierte Fahrer konnte sich unter mangelhaften technischen Bedingungen nicht den Weltmeistertitel holen. Ein schneller und kostengünstiger Weg, Qualität zu entwickeln, ist also die Qualifikation Ihrer Mitarbeiter. Bilden Sie sich und Ihre Mitarbeiter beständig weiter, denn Qualifikation ist die beste Arbeitsgrundlage.

4. **Schlüssel Human Touch**
   Menschen kaufen von freundlichen Mitarbeitern. Besonders in der Dienstleistungsbranche zählt die Kundenorientierung der Mitarbeiter zu den wichtigsten Erfolgsfaktoren. Wer ein erfolgreiches Service-Team bilden will, sollte
   1. Talentierte Mitarbeiter gewinnen
   2. Teams zusammenschweißen
   3. Mitarbeiter für neue Ideen begeistern
   4. Konflikte konstruktiv lösen.

   Versetzen Sie sich in die Situation des Kunden. Welche Angebote und Dienstleistungen würden Sie sich wünschen? Wie möchten Sie behandelt und informiert werden? Entwickeln Sie diese Strategie am besten gemeinsam mit Ihrem Team. Denn letztlich muss Ihre Philosophie stimmen und leben. Schon Konfuzius sagte: „Es gibt drei Wege des Lernens. Durch Nachdenken – das ist der edelste, durch Erfahrung – das ist der bitterste, und durch Nachahmung – das ist der Leichteste." Halten Sie deshalb Ihre Augen offen und lassen Sie sich von den Besten inspirieren. Machen Sie dabei an Ihren Branchengrenzen nicht halt, um Ihren Service zu optimieren.

5. **Schlüssel Persönlichkeit**
   Menschen kaufen durch Überzeugungskraft. Wer es in den Märkten von morgen versteht, den Kunden zu gewinnen, verschafft sich einen erheblichen Wettbewerbsvorteil. Der Käufer muss in Ihrem Angebot die Lösung für seine persönlichen Probleme sehen. Diesen Prozess hat maßgeblich der Verkäufer in der Hand. Voraussetzung ist selbstverständlich ein gewinnendes Auftreten auch in Belastungssituationen sowie ausgefeilte Argumentations- und Präsentationstechniken. Techniken wie Sprachmuster zum Kaufabschluss können wertvolle Dienste leisten. Durch rhetorische Fragen kann beispielsweise der Kunden selbst zur Schlussfolgerung kommen, ein Produkt zu kaufen. Mit den Sprachmustern des Überzeugens gelingt es, Zuhörwiderstände und Vorurteile des Kunden abzubauen.

6. **Schlüssel Management**
   Menschen kaufen von zuverlässigen Unternehmen. Der Erfolg eines jeden Einzelnen hängt stark von der individuellen Fähigkeit ab, seinen Plänen und Versprechen auch Taten folgen zu lassen. Es gilt, Energien aktiv zu managen und sich systematisch selbst zu motivieren. Nahezu alle Menschen sind in einigen Lebensbereichen höchst diszipliniert und lassen in einigen anderen Bereichen eben diese Disziplin schmerzhaft vermissen. Selbstdisziplin ist nichts anderes als das Ergebnis erlernter Handlungsabläufe. Diese Denk- und Gefühlsgewohnheiten sind stark auf den Einzelfall bezogen: Der Schreibtisch eines eisernen Marathonläufers kann durchaus chaotisch aussehen. In diesem Fall beherrscht unser Läufer eine Denkroutine, die ihn beim Training zu konsequentem Handeln motiviert. Ein weiteres Denkmuster jedoch löst beim Schreibtischaufräumen konsequente Schlamperei aus. Unser Läufer muss lernen, sich ähnliche Motivationsroutinen für das Schreibtisch-Aufräumen zu machen, wie er sie seit Jahren beim Training nutzt. Erst dann wird er dort ähnlich gute Ergebnisse erzielen. Was im Hochleistungssport gilt, lässt sich übrigens auch auf die Arbeitswelt übertragen. Nur wer die Balance zwischen Hochleistungs- und Ruhephasen aufrechterhält, wird langfristig Leistung erbringen. Wechseln Sie ab zwischen körperlicher und geistiger Aktivität. Nach einem langen Tag am Schreibtisch ist ein Waldlauf oder ein Spaziergang an der frischen Luft sicherlich erholsamer als ein Abend im Fernsehsessel.

7. **Schlüssel Flow**
   Menschen kaufen von begeisterten Menschen. Sichtbar besser als andere sind wir auf Dauer nur dort, wo wir im Kernbereich unserer Talente tätig sind. Dann stellt sich automatisch eine hohe Lerngeschwindigkeit ein. Die Leistungsbereitschaft mit Motivation, Begeisterung und Stolz gewinnt eine Eigendynamik. Erst mit diesem Flow-Effekt gelingen Spitzenleistungen. Oft verbringen wir jedoch Zeit mit Tätigkeiten, die uns nichts bedeuten. Wir arbeiten in Unternehmen, die uns gleichgültig sind. Meist auch noch mit Menschen, die uns ebenfalls egal sind. Wir quälen uns, und das nur aus einem einzigen Grund: Weil wir glauben, wir müssten die Dinge so tun. Umfragen liefern erschreckende Werte: 80 Prozent aller Mitarbeiter in Konzernen haben das Gefühl, nicht so eingesetzt zu sein, wie es ihren Talenten optimal entspricht. Welches Potenzial und welche Schätze können Sie für Ihre Kunden und Ihr Unternehmen heben, wenn Sie und Ihre Mitarbeiter mehr im Bereich Ihrer Stärken aktiv sind? Welche Sog-Wirkung hat dies auf Interessenten und Kunden?

Kundenmagazine – nicht nur etwas für die Großen der Branche

Image verbessern und Bekanntheit steigern, Beratungs- und Fachkompetenz herausstellen und eine emotionale Kundenbindung aufbauen. Die Liste der Vorteile von Kundenmagazinen lässt sich noch endlos weiterführen. Welchen großen Nutzen solche Magazine bieten, haben mittlerweile auch zahlreiche Versicherungsvermittler erkannt. Doch wie organisiert man ein Magazin?

Outsourcing ist eine gute Alternative

Gerade kleine Betriebe haben Probleme damit, ein eigenes Kundenmagazin auf die Beine zu stellen. Oft fehlt es an Zeit, Personal und Knowhow. Insbesondere fehlt es an Wissen über Konzeption, journalistische Schreibe und Layout-Gestaltung. Es bietet sich daher an, die Konzeption eines Kundenmagazins in die Hände eines kompetenten Partners zu legen. Es gibt mittlerweile zahlreiche Dienstleister, die für Versicherungsvermittler individuelle Kundenmagazine erstellen und Konzept, Inhalte und Layout dem jeweiligen Corporate Design der Makler anpassen. Bei großen Unternehmen erstellen eigene Fachleute für die Sparte Versicherung die Beiträge. Die Kunden können zudem eigene Themenvorschläge einreichen.

Kundenmagazine als Einstieg in das Verkaufsgespräch

Die Kunden des Vermittlers können sich mit diesen Magazinen bereits vor dem Verkaufsgespräch über Neuigkeiten informieren, der Versicherungsvermittler kann dann direkt auf die Inhalte Bezug nehmen. Das erleichtert den Einstieg ins Kundengespräch erheblich. Darüber hinaus werden die Kunden z. B. an das Thema Altersvorsorge erinnert und greifen auch mal spontan zum Telefon, um ihren Versicherungsvermittler anzurufen.

Inwiefern Kundenmagazine dazu beitragen, die Informationspflicht nach dem VVG zu erfüllen, wird aktuell diskutiert. Kundenmagazine tragen zwar dazu bei, die vollständige Erfüllung der gesetzlichen Informationspflicht muss aber zusätzlich noch über andere Kommunikationswege gewährleistet werden.

Ein gutes Kundenmagazin schafft „Kauflust"

Immer mehr Anbieter bringen neue Kundenmagazine auf den Markt. Diese sind sehr unterschiedlich im Preis und in der Qualität. Nach einer Studie des Instituts für Psychologie der Universität Helsinki haben Papier- und Druckqualität einen großen Einfluss darauf, wie Leser eine Marke wahrnehmen und welche Informationen sie behalten. Verständlich, dass einige Unternehmen deshalb ihre Kundenmagazine in Hochglanzqualität anbieten. Das Problem ist hier aber der hohe Preis. Gerade kleinere Versicherungsagenturen sollten daher genau überlegen, wie sie ihr Kundenmagazin gestalten und welche Kosten sie dafür tragen wollen. Qualitativ gute Inhalte sind auch für einen geringeren Preis zu haben. Wichtig ist, dass das Magazin die gewünschte Zielgruppe anspricht. Innovative Magazine arbeiten mit integrierten Kommunikationskonzepten, d. h., sie verknüpfen ihre Printmagazine mit Internetangeboten und PDF-Versionen. Unabhängig von der Medienform müssen die Botschaften verständlich vermittelt werden, um die Kunden gezielt zu informieren, zu motivieren und zu aktivieren. In jedem Fall tragen Kundenmagazine dazu bei, das Image zu verbessern und dem Vermittler seine Arbeit zu erleichtern. Letztendlich sollen damit natürlich auch die Umsätze gesteigert werden.

Mit den richtigen Referenzen überzeugen

Referenzen spielen im Dienstleistungsgeschäft eine entscheidende Rolle. Doch nicht jede Referenz stellt einen Erfolgsgaranten dar. Die gezielte Auswahl hilft dabei, den richtigen Vorzeigekunden zu präsentieren.

Referenzen sind im Dienstleistungsbereich von jeher von enormer Bedeutung. Denn hier werden oftmals Produkte und Services vermarktet, die im Moment des Kaufes oder Vertragsabschlusses noch gar nicht existieren. Das können individuelle Konzepte, produktbegleitende Services oder reine Dienstleistungen wie Immobilienfinanzierung sein. Der Erfolg oder Misserfolg der Akquise hängt dabei häufig von der Vorzeigbarkeit der Referenzen ab.

Warum spielen Referenzen so eine wichtige Rolle? Der potenzielle Kunde weiß zunächst nicht, ob seine Erwartungen wirklich erfüllt werden. Er verspürt ein erhöhtes Maß an Unsicherheit, woraus ein zusätzliches Informationsbedürfnis entsteht. Da ihm kein „fertiges" Produkt vorliegt, das er inspizieren und auf Mängel überprüfen kann, ist er darauf angewiesen, andere Anhaltspunkte zur Beurteilung der Qualität heranzuziehen. Der Anbieter wiederum hat grundsätzlich ein Interesse daran, die Unsicherheit und daraus resultierende Kaufwiderstände des Kunden zu reduzieren. Er wird versuchen, die Überlegenheit des eigenen Angebotes gegenüber den Konkurrenzangeboten glaubhaft zu vermitteln. Referenzen sind hierfür ein geeignetes Instrument, allerdings ist deren Wirksamkeit auch an bestimmte Voraussetzungen gebunden.

Die Wirkung von Referenzen

Als Referenz kann man grundsätzlich eine erbrachte Leistung selbst, wie z. B. eine Referenzanlage, oder die Beurteilung einer Leistung oder eines Anbieters durch einen Kunden verstehen. Referenzen bieten dem potenziellen Kunden also Informationen über die in der Vergangenheit erbrachten Leistungen des Anbieters. Dieser kann über ein Referenzprojekt oder einen Referenzkunden nicht nur vorab seine grundsätzlichen Fähigkeiten wie fachliche Kompetenz, sondern vor allem auch Eigenschaften wie Sorgfalt, Engagement, Diskretion oder Fairness demonstrieren.

Schon das Vorhandensein von Referenzen an sich ist also dazu geeignet, die Unsicherheiten und Kaufwiderstände von potenziellen Kunden zu reduzieren. Ein Anbieter setzt sie schließlich nur dann ein, wenn ihm die Referenzkunden eine hohe Qualität bescheinigen, weil sie mit der Leistung sehr zufrieden sind. Der potenzielle Kunde geht seinerseits davon aus, dass Anbieter mit ausgewiesenen Referenzkunden auch hohe Qualität liefern. Eine schlechte Referenz vorzuweisen ist offensichtlich nicht sinnvoll und hätte negativere Auswirkungen als keine Referenz.

Allerdings ist der Einsatz von Referenzen auch nicht immer oder nur unter erschwerten Bedingungen möglich. Während der Besuch einer Referenzanlage im Anlagengeschäft üblich und unerlässlich ist, können Unternehmensberatungen nur sehr eingeschränkt Referenzkunden und die an ihnen erbrachten Leistungen benennen, da sie besonderen Schweigepflichten unterliegen. Unternehmensberatungen lösen dieses Problem dadurch, dass sie personen- bzw. firmen- und projektbezogene Referenzen trennen.

Beim Einsatz von Referenzen ist allerdings eine Vielzahl weiterer Faktoren zu berücksichtigen, die sich positiv, aber auch negativ auf die Bemühungen des Anbieters auswirken können. Aus diesem Grund ist es ratsam, sich über die Attraktivität eines Referenzkunden oder -projekts Gedanken zu machen.

- **Ähnlichkeit in Bezug auf das Kundenproblem:** Ist das Problem des Referenzkunden mit dem vieler potenzieller Kunden vergleichbar? Eine Referenz ist ungeeignet, wenn keine oder nur eine unzureichende Ähnlichkeit mit dem Problem des potenziellen Kunden gegeben ist.
- **Aktivitätsgrad:** Ist der Referenzkunde eher passiv oder empfiehlt er von sich aus weiter? Wie effektiv ist sein Weiterempfehlungsverhalten? Zum Beispiel werden Referenzlisten auch als passive Referenzen bezeichnet, da sich der Referenzkunde in diesem Fall lediglich dazu bereit erklärt, sich als solchen in einer Werbebroschüre nennen zu lassen. Davon zu unterscheiden sind aktive Referenzen, also solche, die von sich aus aktiv werden, den Anbieter weiterempfehlen und positiv über seine Leistungen berichten. Diese Referenzkunden fungieren so als kostengünstige oder sogar kostenlose Werbeträger.
- **Marktposition:** Wie hoch ist die Anzahl relevanter Kontakte des Referenzkunden im Markt? Verfügt er über ein aktives persönliches Netzwerk? Referenzkunden sind umso attraktiver, je mehr Kontakte sie zum Markt haben und je mehr sich andere Kunden an ihrem Verhalten ausrichten.
- **Glaubwürdigkeit:** Wie glaubwürdig tritt der Referenzkunde auf? Gehört er zu den Stammkunden des Unternehmens? Generell spielt die Glaubwürdigkeit des Referenzkunden eine entscheidende Rolle. Diese wird ihm in höherem Maße erst dann attestiert, wenn er die Problemlösung nicht nur einmalig, sondern mehrfach von einem Anbieter bezogen hat. Sie ist hingegen in solchen Fällen kritisch zu hinterfragen, wenn der Referenzkunde für seine Auskünfte vom Anbieter „belohnt" wird. Bekäme er eine Provision, bestünde für ihn der Anreiz, bestimmte Informationen zurückzuhalten oder zu verschleiern. Gefälschte Positivreferenzen führen dann im Fall ihrer Entdeckung höchstwahrscheinlich zu Misstrauen und Unglaubwürdigkeit.

- **Aktualitätsgrad:** Weist der Referenzkunde oder das Referenzprojekt für potenzielle Kunden einen entsprechenden Aktualitätsgrad auf? Ist eine gewisse Dauer der Referenzwirkung gegeben? Referenzen müssen hinreichend aktuell sein, um für den Kunden einen Wert zu besitzen. Für den Anbieter ist deshalb ein Referenzkunde bzw. -projekt attraktiver, wenn er von einer möglichst dauerhaften Referenzwirkung ausgehen kann. Der Anbieter ist nichtsdestotrotz auch dazu gezwungen, die Referenzleistungen fortlaufend zu aktualisieren. Mit zunehmender Anzahl von Referenzen kann der Kunde freilich besser einschätzen, ob es sich aus seiner Sicht um einen kompetenten und vertrauenswürdigen Anbieter handelt.
- **Kosten:** Wie hoch sind die Kosten für die Referenzkundengewinnung? So ist bei einem Lead-user-Projekt zu beachten, dass man gegenüber diesem potenziellen Referenzkunden oftmals auch gewisse finanzielle Einbußen hinnehmen muss, die sich in Form von günstigeren finanziellen Konditionen äußern können. Sehen Sie diese als Investitionskosten an.

Auf den Einzelfall kommt es an

Zusammenfassend wirken sich die Kriterien Ähnlichkeit, Aktivitätsgrad, Marktposition, Glaubwürdigkeit und Aktualitätsgrad bei einer hohen Bewertung positiv auf den Gesamtwert aus, der als „Attraktivitäts-Score" bezeichnet werden kann, das Kostenkriterium dagegen negativ.

Das Modell kann als Vorlage dienen, sollte aber im konkreten Einsatzfall immer unternehmensspezifischen Gegebenheiten angepasst werden. Dies betrifft insbesondere die Gewichtung der Kriterien, da sie einen der zentralen Stellhebel darstellt. Man sollte sich bei der Einschätzung also nicht nur auf die persönlichen Erfahrungen verlassen, sondern mehrere Wissensträger in die Diskussion einbeziehen, auch um die Akzeptanz und einen dauerhaften Einsatz im Unternehmen zu gewährleisten. Es ist aber auch an eine Erweiterung oder Verfeinerung der Kriterien wie z. B. die Berücksichtigung unterschiedlicher Kostenpositionen zu denken.

Richtig auftreten: angenehme Stimme und Small talk

Sympathische Menschen haben es oft leichter. Kunden und Partner sind freundlicher und zuvorkommender, über Fehler wird schneller hinweggesehen, ihre Wünsche werden respektiert und ihren Vorschlägen wird eher Beachtung geschenkt. Wir sagen Ihnen, was Sie tun müssen, um sympathisch zu wirken.

1. **Die entscheidenden ersten Sekunden: der erste Eindruck zählt**
   Viele Psychologen sind der Meinung, dass sich bereits in den ersten zehn Sekunden einer Begegnung entscheidet, ob wir unser Gegenüber als sympathisch oder unsympathisch wahrnehmen. Dieser erste Eindruck beeinflusst die Art und Weise, wie wir alles, was unser Gesprächspartner sagt und tut, interpretieren. Im Nachhinein ist das, was wir mit dem ersten Eindruck aufnehmen, nur sehr schwer zu revidieren. Dieser festigt sich innerhalb der ersten fünf Minuten. In diesen ersten Minuten eines Gesprächs oder einer Verhandlung sind Argumente hintergründig, denn der erste Eindruck wird nonverbal vermittelt. Die Körpersprache ist die maßgebende Kraft, die bewirkt, ob eine Person einen sympathischen, kompetenten bzw. überzeugenden Eindruck hinterlässt.
2. **Was bedeutet „sympathisch"?**
   Das Wort „Sympathie" hat seinen Ursprung im Altgriechischen und heißt übersetzt „das gleiche Leiden" oder auch „den gleichen Weg habend". Vielleicht haben Sie schon einmal beobachtet, dass Menschen, die sich gut verstehen, oftmals auch ähnliche Kleidung tragen, sich ähnlich bewegen und in gleicher Art und Weise sprechen und gestikulieren. Auch Geschäftsleute, die sich gut verstehen, tragen ähnliche Kleidung und nehmen auch eine ähnliche Körperhaltung ein. Menschen, die sich sympathisch sind, passen sich offenbar in der Körpersprache an. Man sagt, sie spiegeln einander unbewusst wider. Umgekehrt kann man das Spiegeln aktiv einsetzen, um Sympathie beim Gegenüber zu erzeugen. Daraus sollte allerdings kein ungeschicktes „Nachäffen" werden, denn das könnte falsch verstanden werden und genau den gegenteiligen Effekt zur Folge haben.

3. **Positionieren Sie sich richtig**
   Ob Ihr Gegenüber Sie sympathisch findet oder nicht, hängt nicht nur von der Sprache Ihres Körpers ab, sondern auch davon, welche räumliche Position Sie zu Ihrem Gesprächspartner einnehmen. Auch diese erzeugt eine bestimmte Wirkung: Ein Mann beispielsweise sollte zu einem männlichen Verhandlungspartner keine frontale Position einnehmen, da die Frontseite stresserzeugend wirkt. Eine seitliche Position ist vorzuziehen, da diese als „Seite an Seite"-Position empfunden wird und die Stellung als Partner unterstreicht. Frauen dagegen bevorzugen die Frontalposition gegenüber einem Verhandlungspartner. Dadurch haben sie die Mimik des Gegenübers ganz genau im Blick und fühlen sich vom Geschäftspartner ernst genommen.

4. **Mit dem richtigen Outfit sammeln Sie Sympathie-Punkte**
   Im Laufe des Lebens entwickelt jeder seinen eigenen Stil. Den eigenen Stil kann man im Berufsleben nicht unkontrolliert ausleben, da der eigene Geschmack nicht unbedingt den Kunden gefällt. In den meisten Unternehmen existieren ungeschriebene Kleidungsrichtlinien, die von Branche zu Branche verschieden sind. Nichtsdestotrotz sollte man den eigenen Stil nicht ganz aufgeben, denn das Wichtigste ist, dass man sich in seiner Kleidung wohl fühlt. Nur wer sich in seiner Haut wohl fühlt, strahlt das nach außen aus, was zusätzliche Sympathiepunkte einbringt.

5. **Was Sie aktiv tun können, um sympathisch zu wirken**
   Damit Sie beim ersten Zusammentreffen mit Kunden nicht ins „Sympathie-Aus" geraten, haben wir für Sie ein paar nützliche Tipps zusammengestellt, worauf Sie bewusst achten können, wenn Sie bei Ihren Mitmenschen Sympathie erzeugen möchten:

- Seien Sie freundlich, ohne künstlich oder überschwänglich zu wirken.
- Blicken Sie Ihrem Gesprächspartner in die Augen, ohne dabei zu starren.
- Treten Sie positiv auf. Begrüßen Sie andere mit einem freundlichen „Guten Morgen" oder „Hallo" und warten Sie nicht ab, dass Sie zuerst gegrüßt werden.
- Achten Sie auf Distanz: Rücken Sie Ihrem Gesprächspartner nicht zu dicht auf die Pelle, das könnte Aggressionen wecken.
- Warten Sie ab, bis Ihr Kunde Ihnen die Hand reicht. Drücken Sie die Hand, ohne sie zu quetschen.
- Schneiden Sie Ihrem Gegenüber nicht mitten im Satz das Wort ab.
- Erwecken Sie nicht den Eindruck, sich während des Gesprächs zu langweilen, z.B. durch häufiges Gähnen oder Starren aus dem Fenster.
- Verzichten Sie darauf, eine Zigarette zu rauchen, wenn Sie wissen, dass Ihr Gegenüber Nichtraucher ist.
- Gehen Sie auf andere ein, zeigen Sie Interesse an Ihren Kunden. Machen Sie aber nicht den Fehler, sich überall einzumischen und alles zu kommentieren.
- Stellen Sie sich auf Ihren Gesprächspartner ein. Reden Sie in einer für ihn verständlichen Sprache, vermeiden Sie unnötige Fremdwörter. Versuchen Sie, Ihrer Sprechweise Lebhaftigkeit und Begeisterung zu verleihen. Versuchen Sie, Ihr Gegenüber mitzureißen. Aber: Hören Sie zu, wenn es angebracht ist.
- Halten Sie beim Sprechen Blickkontakt. Sonst erwecken Sie bei Ihrem Gesprächspartner den Eindruck, unsicher zu sein oder etwas verbergen zu wollen.
- Wenn Sie zwischen Ihnen und Ihrem Gegenüber Gemeinsamkeiten erkennen, betonen Sie diese. Ein kurzes Gespräch über ein gemeinsames Hobby beispielsweise entkrampft die Situation, lockert die Atmosphäre und schafft Vertrauen.

Durch Sprache Kunden überzeugen

Warum faszinieren und überzeugen einige ihre Zuhörer und Gesprächspartner, andere dagegen nicht? Was ist das richtige Rüstzeug? Überzeugen können Sie nur dann, wenn Sie inhaltlich sicher und sattelfest sind. Sie beherrschen Ihre Materie und Ihre Botschaften in- und auswendig. Das genügt jedoch nicht. Sie benötigen eine Stimme, die gut klingt und variabel ist. Aber auch das reicht nicht. Das, wie Sie etwas sagen, also Ihre Wortwahl, ist ebenso wichtig. Die meisten Führungskräfte beherrschen die Sprache schon recht gut. Meist sind nur kleine Korrekturen notwendig. Bei den Mitarbeitern in den Kundenbereichen besteht da schon ein größerer Nachholbedarf.

Was zeichnet eine überzeugende Sprache aus?*

- **Korrektes Deutsch:** Achten Sie darauf, dass Sie grammatikalisch richtig sprechen. Falsches Deutsch von einem Servicemitarbeiter zu hören, ist für Kunden, die einigermaßen ihre Muttersprache beherrschen, ein Grauen. Einmal sensibilisiert hören sie nur noch die falsche Sprache, nicht mehr die Inhalte. Wenn Sie in der Sprache nicht sicher sind, lesen Sie das amüsante Buch „Der Dativ ist dem Genitiv sein Tod" von Bastian Sick, Deutschlands prominentester Sprachlehrer. Er listet dort die häufigsten Fehler auf. Arbeiten Sie daran.
- **Füllwörter:** Genauso schlimm wie Grammatikfehler sind sprachliche Füllwörter. Legendär sind die vielen „Ähs" eines bekannten bayerischen Ex-Spitzenpolitikers. Eine ähnliche Zumutung ist der Ausdruck „Ich sach mal", der bei manchen in jedem zweiten Satz vorkommt. Achten Sie bei Gelegenheit auf Interviews mit Fußballern. Sie werden da schnell abschreckende Beispiele finden. Schön blöd ist auch der Ausdruck „das ist – in Anführungsstrichen – so und so". Warum was in Anführungsstrichen stehen soll, bleibt meist schleierhaft. Die gekonnte beidseitige Fingerkrümmung, die die Anführungszeichen noch symbolisieren sollen, ist dann noch das Sahnehäubchen oben drauf.
- **Mundart:** Falsches Deutsch kann tolerabel sein, wenn Sie mit der Mundart zusammenhängt. „Die, wo sind" ist spätestens seit dem letzten Fußballbundestrainer hoffähig geworden. Versuchen Sie dennoch Hochdeutsch zu sprechen, es sei denn Ihr Kunde parliert im tiefsten Dialekt. Vermeiden Sie aber Mundart zu sprechen, wenn Sie sie nicht beherrschen. Es klingt dann eher peinlich.

---

* **Literaturtipp:** Matthias Pöhm (2006): Präsentieren Sie noch oder faszinieren Sie schon? Der Irrtum Powerpoint.

- **Wirksprache:** Sprechen Sie in einer wirklichkeitsnahen Sprache. So wie die Leute auf der Straße halt sprechen und sich gegenseitig sofort verstehen. Vermeiden Sie daher Fremdwörter und gestelzte Ausdrücke, wie Sie leider noch immer im Behördendeutsch und vor allem in der Politikersprache vorkommen. Wirksprache ist kurz, meist ohne Nebensätze, aber dennoch korrekt. Sie ist vor allem spannend.
- **Aktiv statt Passiv:** „Das Brot wurde heute frisch gebacken", sagte die Verkäuferin. Besser klingt: „Wir haben das Brot heute frisch für Sie gebacken". Es ist direkter und klingt nicht so geschraubt.
- **Verben statt Substantive:** „Die Entwicklung der Mode schreitet immer schneller voran", erläuterte der Boutiquenbesitzer. Besser formuliert: „Die Mode entwickelt sich immer schneller".
- **Worthülsen:** Vermeiden Sie nichtssagende Übertreibungen und Selbstbeweihräucherungen wie „dynamisch", „innovativ", „flexibel", „kundenorientiert", „toll", „perfekt" und „modern". Das ist Vertreterdeutsch der alten (schlechten) Schule und verfängt immer weniger. Wählen Sie positive Eigenschaftswörter, die dezenter und ehrlicher klingen, wie z.B. „beachtlich", „bequem", „einfach", „frisch", „geschmackvoll", „interessant" und „nützlich".

Sich selbst erfüllende Prophezeiungen im Verkauf

Ein Beispiel: Klaus Meier ist Versicherungsvermittler in einer ostdeutschen Kleinstadt. Hier gibt es viele Firmenpleiten und es herrscht hohe Arbeitslosigkeit. Er ist überzeugt, dass seine Produkte angesichts der trostlosen Lage sowieso keinen großen Absatz mehr finden: „Die Leute sparen halt zuerst an Finanzleistungen. Viele fürchten sich vor drohender Arbeitslosigkeit, für Versicherungen haben die doch einfach kein Geld mehr." Er hat resigniert. Jedes Mal, wenn er einen Kunden berät, findet er seine Meinung bestätigt. „Hab' ich doch gleich gewusst, dass das nichts wird", denkt er. Überraschenderweise hat er kürzlich erfahren, dass eine Kollegin mit denselben Problemen kämpft, dennoch aber ihre Umsätze gesteigert hat. „Merkwürdig", denkt er. „Woran liegt das?"

Der Mechanismus, mit dem wir es hier zu tun haben, wurde in seiner ganzen Tragweite Mitte der 60er Jahre des letzten Jahrhunderts entdeckt. Sein Name: die „sich selbst erfüllende Prophezeiung". Sich selbst erfüllende Prophezeiungen können wir überall beobachten: Bei einem Test wurden Schüler einem Intelligenztest unterzogen. 20 Prozent der Schüler seien besonders vielversprechende Talente, so teilte man dem Lehrerkollegium mit.

Ein Jahr später wurden alle Schüler noch einmal getestet: Jene 20 Prozent zufällig ausgewählter Schüler hatten den Erwartungen der Lehrer – die ja annahmen, in ihnen besonders intelligente Schüler vor sich sitzen zu haben – voll entsprochen. Ihre Schulleistungen lagen deutlich über dem Durchschnitt, und ihr Intelligenzquotient hatte sich in stärkerem Maße verbessert als der ihrer Mitschüler. Die sich selbst erfüllenden Prophezeiung war hier am Werk gewesen.

Es gibt mehrere mögliche Erklärungen, die entweder gemeinsam oder auch jede für sich allein ausschlaggebend für den Effekt der „sich selbst erfüllenden Prophezeiung" sein können. Menschen, die eine positive Erwartung vermittelt bekommen haben, ...

- ... erzeugen gegenüber diesen Menschen ein wärmeres sozial-emotionales Klima (sie verteilen mehr „Streicheleinheiten", geben mehr Zuwendung, hören besser zu, beschäftigen sich intensiver mit ihrem Gegenüber, geben mehr Lob, interessieren sich mehr für ihre Gesprächspartner)
- ... geben diesen Menschen mehr Informationen und stellen höhere Anforderungen und Erwartungen an sie; (sie trauen anderen mehr zu)

Unter dem Einfluss der „sich selbst erfüllenden Prophezeiung" werden sich unsere Kunden oft genauso verhalten, wie wir es von ihnen erwarten. Das Problem ist allerdings, dass diese Prophezeiungen oft negative Erwartungen beinhalten. Selbstverständlich wirkt der Verhaltenseffekt aber auch bei positiven Erwartungen.

Die sich selbst erfüllenden Prophezeiungen im Verkauf

Wenn wir ein positives Vorurteil gegenüber Kunden haben, ...

- ... schenken wir ihnen mehr Aufmerksamkeit (Blickkontakt, Lächeln, Platz anbieten, freundliche Stimmlage, Fragen, Zuhören
- ... geben wir ihnen mehr Informationen

- ... machen wir ihnen höherwertige Angebote
- ... bieten wir ihnen mehr Serviceleistungen an
- ... verhalten wir uns offensiver in Bezug auf den Abschluss.

Bitte überlegen Sie: Welche Situationen haben Sie in Verkaufsgesprächen selbst schon beobachtet, in denen Verkäufer durch eine negative Erwartung die „sich selbst erfüllende Prophezeiung" in Gang gesetzt haben?

Und nun stellen Sie sich bitte den Unterschied vor, wenn ein Vermittler durch eine positive Erwartung oder durch eine negative Erwartung den Effekt der sich selbst erfüllenden Prophezeiung erzeugt. Stellen Sie sich vor, welche Wirkung es haben kann, wenn Sie davon überzeugt sind, dass Ihr Kunde nur billige Produkte kaufen will oder dass sich Ihr Kunde für hochwertige, anspruchsvolle Ware interessiert.

- **Beispiel 1: (negative Erwartung)**
  Der sieht schon so aus, als ob er kein Geld hat. Der Vermittler beschäftigt sich lieber dem Schriftverkehr und nimmt keinen Blickkontakt zum Kunden auf. Der Kunde steht alleine am Tresen. Er denkt: „Typisch, kein Mensch zu sehen. Die haben's wohl nicht nötig." (Kunde verstärkt so seine „sich selbst erfüllende Prophezeiung")

- **Beispiel 2: (positive Erwartung)**
  Heute ist ein schöner Tag. Da sind die Kunden bestimmt gut drauf. Mal sehen, was heute passiert. „Neues Spiel – neues Glück". Der Vermittler strahlt den Kunden an. Der Kunde strahlt zurück – er ist wirklich „gut drauf".

- **Beispiel 3: (negative Erwartung)**
  Ich bin doch nur ein kleiner Vermittler. Der Vermittler signalisiert dem Kunden durch Körpersprache (hängende Schultern, gebeugte Körperhaltung) und durch Wortwahl („weiß ich nicht", „tut mir leid, bieten wir nicht an", „da muss ich mal nachfragen" ...), dass er sich klein fühlt. Der Kunde erlebt dies unbewusst als Aufforderung, ihm gegenüber „die Sau rauszulassen". Der Kunde ist arrogant, überheblich, aggressiv.

- **Beispiel 4: (positive Erwartung)**
  Dieses Produkt findet bestimmt jeder Kunde toll, auch wenn er es vielleicht nicht für sich selbst abschließen möchte. Der Vermittler stellt das Produkt mit Begeisterung vor – einfach mal „als Alternative".

- **Beispiel 5: (negative Erwartung)**
  Alles, was sich früher gut verkaufte, haben wir nicht mehr. Kein Wunder, dass unsere Umsätze stagnieren, wenn wir nicht mehr die richtige Leistungen anbieten. Was ist wohl der Effekt?
- **Beispiel 6: (positive Erwartung)**
  Wir führen zwar nicht alle Produkte, aber wir haben eine Auswahl, die den Kunden bestimmt zufrieden stellt. Was ist wohl der Effekt?

Fazit: Achten Sie auf Ihre innere Einstellung beim Verkaufen.
Es lohnt sich!

Wie Sie sich selbst positiv einstimmen

Positives Denken zählt. Sagen Sie: „Das Glas ist halb voll" oder „das Glas ist halb leer"? Wenn Sie eher die zweite Variante verwenden, haben wir hier ein paar Tipps für Sie, wie Sie mit positivem Denken Energie schöpfen können. Positives Denken ist nicht mit Schönmalerei zu verwechseln. Eine positive Einstellung kann vielmehr hilfreich sein, das Leben einfacher zu meistern – vor allem dann, wenn man dazu neigt, sämtliche Situationen oftmals „schwärzer" zu sehen als sie in Wirklichkeit sind. Generell gilt, dass zumeist ein Wechsel der Blickrichtung schon ausreicht, um die Dinge klar zu sehen, die einem zuvor aussichtslos, verworren oder düster vorgekommen sind. Positiv formuliert wirken dieselben Umstände gleich ganz anders.

Wie Sie positives Denken fördern können

- Denken Sie an das Gute und suchen Sie die positiven Aspekte. Wenn Sie sich bemühen, werden Sie feststellen, dass an jeder Sache/Situation etwas Positives zu entdecken ist.
- Machen Sie Ihrem Ärger Luft, denn nur wer nichts in sich hineinfrisst, kann mit einer positiven Grundeinstellung aufgeschlossen und vorurteilslos an Probleme/Situationen/Menschen herantreten.
- Schreiben Sie alles auf, was Sie ärgert, damit Sie sich darüber bewusst werden, was Ihnen die Laune verdorben hat und suchen Sie nach Lösungen/"Gegenmitteln".
- Reduzieren Sie Ihre Erwartungshaltung auf ein realistisches Maß – seien Sie also nicht zu perfektionistisch.
- Verbannen Sie Negativ-Sätze wie „Ich kann das nicht ...", „Ich schaffe das nicht ..." oder „Das geht nicht ...".
- Verwenden Sie stattdessen Positiv-Sätze wie „Ich werde es schaffen ..." oder „Ich freue mich über ...".
- Loben Sie sich – auch für kleine Erfolge.
- Lächeln Sie! Und zwar so oft wie möglich. Egal ob beim Telefonieren, beim Autofahren, im Büro, auf der Straße oder im stillen Kämmerlein, lächeln hebt automatisch die Stimmung und Sie wirken positiv auf Ihre Umgebung.

Wenn Sie sich ein wenig bemühen, sich eine positive Grundeinstellung zuzulegen, werden Sie feststellen wie viel leichter das Leben sein kann, wenn man nicht alles gleich negativ und pessimistisch sieht und nicht aus jeder Mücke einen Elefanten macht. Denn die schlimmen Szenarien, die wir uns oftmals ausmalen, sind zumeist übertrieben und treten nur in den allerwenigsten Fällen tatsächlich ein. Wer an sich und den positiven Ausgang einer Situation glaubt, wird einen solchen auch mit viel größerer Wahrscheinlichkeit erreichen bzw. provozieren.

Der erfolgreiche Vertragsabschluss

Die Kunst des Verkaufens liegt auch darin, irgendwann zum Ende des Verkaufsgesprächs „den Sack zuzumachen". Viele beraten Ihre Kunden hervorragend, vergessen aber den Vertragsabschluss und lassen den

Kunden unverrichteter Dinge wieder gehen („wir überlegen uns das noch"). Manche trauen sich nicht, ihren Kunden eine definitive Entscheidung abzuverlangen, weil sie befürchten, den Kunden zu sehr zu drängen. Viele Verkäufer zerreden sogar den Abschluss, z.B. indem sie immer weitere offene Fragen aufwerfen. Allzu lange zu zögern und darauf zu warten, dass der Kunde selbst auf den Abschluss drängt, funktioniert allerdings meist auch nicht – zumindest nicht bei schwerer wiegenden Kaufentscheidungen als dem Kauf einer Tageszeitung. Deshalb ist es wichtig, aktiv zu werden und die letzte und finanziell wichtigste Phase des Verkaufsgesprächs nicht dem Zufall oder allein dem Kunden zu überlassen.*

Rhetorische Fragetechniken bewirken mehr Erfolg

Vertriebsmitarbeiter sind es gewohnt, Antworten auf viele Fragen parat zu haben: auf Kundenanfragen ebenso wie auf Einwände, auf Preisfragen wie auf die abteilungsinterne Frage nach Abschlussquoten und Konversionsraten. Probleme gibt es allerdings auf der anderen Seite, *dem* Fragen. Schon durch die Art zu fragen, legen Sie den Grundstein zu Ihrem Gesprächserfolg.

Deshalb ist es wichtig, sich bewusst zu machen, wann sie mit welcher Frage welchen Effekt erzielen. Als Fragegrundformen unterscheidet man: Geschlossene Fragen, offene Fragen und Alternativfragen. Denen sind die Fragemodi hypothetisch, zirkulär oder skalierend zuzuordnen. Jeder Frage kommt also aus beiden Bereichen jeweils ein Kennzeichnen zu.

---

* **Literaturtipp:** Claudia Schlembach (2008): Verkaufen: kundengerecht argumentieren und erfolgreich abschließen

Die Fragearten

- **Geschlossene Fragen**
  Auf solche Fragen lässt sich nur mit ja oder nein antworten. Deshalb werden sie vor allen dann eingesetzt, wenn der Fragende eine konkrete Antwort auf eine klare Alternative erwartet. Die Präzision der Antwort hat allerdings ihren Preis: Der Antwortende ist nicht in der Lage, von sich aus zu erzählen, was er will. Außerdem wirken geschlossene Fragen gewissermaßen als Gesprächsbremse, weil die kurze Antwort keinen Einstieg in eine neue Frage erlaubt. Gut eignen sich aber geschlossene Fragen, um ein Gespräch abzuschließen oder ein Fazit absegnen zu lassen.

- **Offene Fragen**
  Mit offenen Fragen fordern Sie Ihr Gegenüber auf, aktiv von sich aus zu erzählen, was ihm auf dem Herzen liegt. Der Lenkungsgrad ist dabei naturgemäß eher gering, Sie geben also einen Teil Ihrer Dominanz auf – allerdings zugunsten der Tatsache, dass Sie Ihrem Partner Themenwünsche und Details entlocken. Unter Umständen müssen Sie durch weitere Fragen unterbinden, dass diese Details nicht ihrerseits das Gespräch bestimmen oder in eine falsche Richtung lenken. Offene Fragen eignen sich, sofern Sie ausreichend Zeit haben, hervorragend als Gesprächseinstieg, weil sie das Gebiet, über das gesprochen werden soll, aus Sicht Ihres Gesprächspartners sondieren. Häufig beginnen offene Fragen mit den klassischen „Ws": Warum, wie, was, welche etc. Außerdem signalisieren offene Fragen Ihrem Gegenüber eine gewisse Wertschätzung.

- **Alternativfragen**
  Ihr Name deutet es schon an. Alternativfragen bewegen sich im Spektrum des „entweder – oder". Eigentlich handelt es sich dabei um tendenziell geschlossene Fragen, weil sie mögliche Antworten bereits mit der Art zu fragen vorgeben. Sie eignen sich vor allem dann, wenn Sie das Fazit eines Gespräches zusammenfassen lassen wollen, etwa „Wie verbleiben wir denn nun, sollen wir X oder Y in die Tat umsetzen?". Achten Sie bei Alternativfragen darauf, nicht mehr als drei oder vier Antwortmöglichkeiten vorzugeben. Andernfalls wäre Ihr Gesprächspartner verwirrt oder müsste zu weit ausholen.

Frageformen

- **Hypothetische Fragen**
  Wenn Sie beispielsweise einen fiktiven Verbesserungsvorschlag anzubringen haben oder wissen wollen, was passieren würde, wenn die Rahmenbedingungen für eine bestimmte Handlungsweise geändert würden, sollten Sie zu hypothetischen Fragen greifen. Beginnen Sie Ihre Frage beispielsweise mit „Wenn nun aber ...", „Gesetzt den Fall ...", oder „Angenommen ...", so erhalten Sie die Möglichkeit, die wahrscheinliche Reaktion Ihres Gesprächspartners zu erfahren und seine Art, zu denken und zu handeln, besser kennen zu lernen. Da Sie Ihrem Gegenüber in diesem Fall einigen Raum zugestehen, sind die meisten hypothetischen Fragen offene Fragen, für die Sie entsprechend viel Zeit einkalkulieren sollten.
- **Zirkuläre Fragen**
  Diese Art der Frage ist im Grunde eine hypothetische Frage, bei der Sie Ihren Gesprächspartner bitten, sich vorzustellen, dass ein Dritter über ihn Auskunft zu geben hätte, z. B. „Was würden denn Ihre Kollegen derzeit zu Ihrer Arbeitsleistung sagen?" oder „Was glauben Sie, hält unser Kunde von Ihrem Vorstoß?". So wird der Befragte gezwungen, sich in die Position anderer hineinzuversetzen und sich selbst einmal mit anderen Augen zu sehen. Zirkuläre Fragen sind ebenfalls meistens zu den offenen Fragen zu rechnen und beinhalten zudem ein gewisses Konfliktpotenzial. Verwenden Sie diese Frageform deshalb nur dann, wenn Sie Ihrem Gesprächspartner eine gewisse Fairness und Selbstkritik zutrauen und kalkulieren Sie genügend Zeit ein, um seine Antwort tatsächlich mit ihm diskutieren zu können.
- **Skalierende Fragen**
  Solche Fragen sind meist Alternativfragen, zielen allerdings nicht auf eine begrenzte Auswahl von Antworten, sondern motivieren dazu, einen bestimmten Sacherhalt auf einer Skala von eins bis zehn zu bewerten. Ihr Vorteil liegt darin, dass der Befragte gezwungen wird, Position zu beziehen und feinste Bewertungsunterschiede erkennbar gemacht werden können. Skalierende Fragen eignen sich auch immer dann, wenn die Antwort auf eine ungelenkte, offene Frage nach der Bewertung eines Sachverhalts auszuufern droht. Denn vielen Menschen fällt es schwer, in eigenen Worten eine Bewertung abzugeben, aber vergleichsweise leicht, dafür Kennziffern zu formulieren. Außerdem lassen sich die Antworten auf skalierende Fragen besonders gut miteinander vergleichen. Deshalb eignen sie sich besonders für umfangreiche Mitarbeiterbefragungen.

Fragen im Gesprächsverlauf

Beginnen Sie ein Gespräch grundsätzlich mit offenen Fragen. Erstens drücken Sie so Ihre Wertschätzung gegenüber der befragten Person aus – andernfalls hätte sie vermutlich nicht einmal das Gefühl, tatsächlich ein Gespräch mit Ihnen zu beginnen – und zweitens können sie nur so an ausreichende Informationen gelangen. Nach dem relativ offenen Beginn des Gesprächs sollten Sie das Gespräch allmählich in die von Ihnen gewünschte Richtung lenken und den Themenschwerpunkt fokussieren. Dazu müssen Sie die bereits erhaltenen Informationen einstufen und sich überlegen, welche weiteren Auskünfte Sie noch erfragen wollen. Naturgemäß spielen dabei geschlossene oder alternativ formulierte Fragen eine große Rolle. Auch skalierende Fragen, die detailreiche Einzelinformationen letztgültig in eine Ordnung bringen können, sind in dieser Gesprächsphase von Vorteil. Abschließend können Sie mit einer geschlossenen Frage das Gesprächsergebnis auf den Punkt bringen: „Was meinen Sie nun, soll ich mich darum kümmern, dass Sie das Kundensegment mit dem Kollegen tauschen?" Nach diesen harten Fakten eignet sich als versöhnlicher Abschluss übrigens eine Art hypothetische Frage: „Stellen Sie sich vor, Sie hätten bei einer guten Fee einen Wunsch frei. Wie sähe der aus?"*

Telefonisches Nachfassen von Angeboten

Wie Sie den roten Faden im Verkaufsgespräch steuern

Wenn Sie einem Kunden im Verkaufsgespräch ein maßgeschneidertes Angebot unterbreiten konnten, trennt Sie vielleicht nur noch ein Schritt vom geschäftlichen Erfolg – wäre da nicht das telefonische Nachfassen.

---

* **Literaturtipp:** Andreas Patrzek (2008): Wer das Sagen hat, sollte reden können. Handbuch für Kommunikation von Fach- und Führungskräften.

Vorbereitung

Zunächst erleichtert Ihnen ein fester Termin den Einstieg. Stimmen Sie deshalb möglichst schon am Ende des Kundengesprächs den Zeitpunkt ab, an dem Sie sich telefonisch melden. In der Regel rufen Sie nach zwei bis drei Tagen zurück, bedanken sich für das Gespräch und erkundigen sich nach dem Stand der Dinge. Vor Ihrem Anruf sollten Ihnen alle Details des vergangenen Gesprächs präsent sein und die entsprechenden Unterlagen in greifbarer Nähe liegen. Machen Sie sich auch Stichpunkte für die Gesprächsführung. Bereiten Sie sich vor allem auf mögliche Einwände des Kunden vor. Sie sollten hierfür Antworten parat haben, um sich nicht spontan zu Zugeständnissen hinreißen zu lassen, die Sie später bereuen. Überlegen Sie aber auch, wo Sie dem Kunden noch entgegenkommen können. Ein kleiner Bonus erleichtert einem noch zögernden Verhandlungspartner den Abschluss.

Atmosphäre

Genau wie bei einem Kundentermin ist auch am Telefon die Gesprächsatmosphäre Erfolg entscheidend. Sprechen Sie deutlich, in kurzen Sätzen und vermeiden Sie Fachjargon. „Lächeln" Sie Ihr Gegenüber durchs Telefon an. Hören Sie aktiv zu und signalisieren Sie durch kurze Einwürfe wie „Ja, ich verstehe" oder Zwischenfragen, dass Sie Ihrem Gesprächspartner folgen können. Lesen Sie hier, wie Sie nach einem Erfolg versprechenden Kundentermin den Faden am Telefon wieder aufgreifen und das Geschäft schließlich zum Abschluss bringen.

Zeitpunkt

Wenn mit Ihrem Gesprächspartner keine Vereinbarung für einen Anrufszeitpunkt vorliegt, rufen Sie den Kunden zwei oder drei Tage nach dem letzten Gespräch an. Auch die Anrufzeit spielt eine Rolle: Während Handwerker beispielsweise vor acht und nach 18 Uhr am besten im Büro zu erreichen, können Sie Dienstleister gut während der Kernzeiten (9–12 und 14–16 Uhr) erreichen. Da im Privatkundenbereich die oft schlechte telefonische Erreichbarkeit hohe Kosten durch mehrmalige Versuche verursacht und auch rechtlich immer problematischer wird, sollten Sie auf den schriftlichen Weg ausweichen – es sei denn, Sie haben einen festen Termin für Ihren Anruf vereinbart. Durch die vorherige Ankündigung trifft den Kunden Ihr Anruf nicht aus heiterem Himmel. Diese Tatsache an sich verschafft Ihnen bereits eine bessere Ausgangsposition für Ihr Gespräch.

Einstieg
Vergegenwärtigen Sie sich vor dem Anruf den Verlauf des vergangenen Gesprächs und überlegen Sie sich die Anknüpfungspunkte. Wenn Sie die spezifischen Vorteile Ihres Angebotes für den Gesprächspartner nach Prioritäten geordnet präsent haben, finden Sie leichter einen Aufhänger und können auf besprochene Einzelheiten zurückkommen. Mit der Einstiegsfrage „Haben Sie unser Angebot (oder: unsere Informationsmaterialien) schon gelesen?" überrumpeln Sie Kunden, die noch nicht dazu gekommen sind. Besser ist die Formulierung: „Hatten Sie schon Gelegenheit, unser Angebot zu lesen?"

Ihr Gesprächspartner
kann seinen Zeitmangel offen zugeben oder ihn zumindest vorschieben, ohne sich schlecht dabei zu fühlen. Wie gut erinnert sich Ihr Gegenüber am anderen Ende noch an die besprochenen Details? Je nach Eindruck kann ein „Darf ich Ihnen die wesentlichen Punkte des Angebots noch einmal erläutern?" oder „Haben Sie noch Fragen zu unserem Angebot?" nützlich sein.*

Wie Sie verlorene Kunden zurückholen

Nehmen Sie Kundenbeschwerden nicht persönlich, sondern als positives Zeichen, dass der Kunde immer noch Vertrauen in Sie setzt. Nehmen Sie den Kunden ernst. Suchen Sie den Fehler nicht zuerst beim Kunden. Machen Sie nicht Ihre Mitarbeiter zum Sündenbock. Geben Sie keine Versprechungen ab, die Sie nicht halten können. Mit diesen Regeln nehmen Sie dem Kunden den Wind aus den Segeln und erhalten die Geschäftsbeziehung. Häufig ziehen Sie sogar noch einen kleinen Auftrag an Land:

---

* **Literaturtipp:** Holger Backwinkel / Peter Sturtz (2006): Telefonieren. Professionelle Gesprächstechniken.

- Überlegen Sie, wie Sie selbst anstelle des Kunden argumentieren würden.
- Entschuldigen Sie sich für aufgetretene Schwierigkeiten.
- Hören Sie dem Kunden in Ruhe zu, lassen Sie ihn ausreden und nehmen Sie seine Probleme ernst.
- Erklären Sie ihm genau die Ursachen.
- Behaupten Sie nichts ohne Beweis.
- Versuchen Sie nicht mit Gewalt etwas zu retten, was nichts mehr zu retten ist.
- Bestätigen Sie den Sachverhalt und schlagen Sie eine glaubhafte Lösung vor.
- Führen Sie die angebotenen Hilfen sofort durch und stellen Sie dies als Dauerlösung besonders heraus.
- Zeigen Sie Ihre Bereitschaft, weitere Kundenprobleme aufzugreifen.
- Äußern Sie sich nie negativ über Ihre Wettbewerber.
- Lassen Sie sich nie auf spontane Preisgespräche ein.

Kunden erzählen Beschwerden zwölfmal weiter!

Wenn Sie in dieser Form ein Beschwerdegespräch führen, gewinnen Sie: Entweder der Kunde sieht ein, dass er sich geirrt hat, oder er erkennt, dass seine Kritik ernst genommen wird. In beiden Fällen ist der Kunde letztlich zufrieden und kommt wieder. Bedenken Sie: Wer mit seiner Reklamation ins Leere stößt, ärgert sich und erzählt seine schlechten Erfahrungen im Durchschnitt zwölfmal weiter! Dieser Schaden ist also viel größer.

Bieten Sie Ihren Kunden Mehrwert

Der Schlüssel zum Mehrwert-Marketing ist Service im weitesten Sinne. Dreiviertel aller Kunden, die zur Konkurrenz abwandern, tun dies, weil sie mit dem Service unzufrieden sind. Service ist also der Schlüssel für Ihre Wettbewerbsfähigkeit. Heutige Kunden sind kritisch und preisbewusst und wollen immer bessere Qualität zu immer geringeren Preisen. Um aus dieser verhängnisvollen Spirale herauszukommen, helfen nur durchdachte Serviceleistungen.

Sinnvollen Zusatznutzen bieten

Beim Mehrwert-Marketing kommt es darauf an, neben dem Produkt oder der Leistung einen echten Zusatznutzen zu bieten, der dem Kundenwunsch nach Sicherheit und/oder Bequemlichkeit entgegenkommt. Oft genügen kleine, gut durchdachte Extras, die den Kunden angenehm überraschen und ihn überzeugen, bei Ihnen zu kaufen. Hier einige Beispiele, die zu neuen Ideen inspirieren könnten: Hotline für dringende Kundenanfragen oder Kinderspielecke im Beratungsraum. Setzen Sie sich konkrete Ziele, die Sie mit Ihrem Vertrieb erreichen wollen wie:

- Sicherung des Wettbewerbsvorsprungs
- Steigerung im Vertrieb durch mehr Cross-Selling (andere Produkte) oder Up-Selling (höherwertige Produkte)
- Bindung des Kunden an Ihre Produkte
- Steigerung der Erlöse mit weiteren Leistungen
- Festigung und Verbesserung des Erscheinungsbilds gegenüber dem Kunden.

Mit steigenden Ansprüchen der Kunden, zunehmender Komplexität der Produkte und erhöhten Anstrengungen der Wettbewerber steigt die Bedeutung der Kundenpflege. Ein funktionsfähiger Vertrieb stellt zwischen Anbietern und Abnehmern ein Vertrauensverhältnis her, das auch zu Wiederholungskäufen anregt. Die Kundenpflege zählt somit zu den wirkungsvollsten absatzfördernden Maßnahmen, weil hier keine Streuverluste auftreten.

Praxisbeispiele: Neue Wege beschreiten

- Ein Vermittler hält Präsentationen an Schulen, um den Umgang mit Geld frühzeitig an Schüler zu vermitteln. Er erfährt aus erster Hand, was seine zukünftigen Zielgruppen verlangen und betreibt Akquise, indem die Zöglinge eine Weiterempfehlung an ihre Eltern geben. Zugleich erhalten die Schüler zur Volljährigkeit eine Gratisberatung zur Finanzanlage ihrer ersten Ausbildungsgelder.
- Eine Vermittlerin hat sich auf „hoffnungslose Fälle" spezialisiert: Sie gibt in der VHS Kurse für Frauen zur Finanzanlage. Eine lukrative Tätigkeit! Denn die meisten Teilnehmerinnen bauen Vertrauen auf, werden zu langfristigen guten Kunden und geben fleißig Empfehlungen an ihre Ehemänner und Freunde weiter.

- Ein Vermittler schenkt Eltern zur Geburt ihres Kindes die erste Rate für einen Ausbildungsplan. Die 25 Euro sind gut investiert, die Eltern freuen sich darüber und setzen den Sparplan bequem und einfach direkt fort. Und der Vermittler verdient!

Werden Sie kreativ!

Wichtig ist, dass Sie sich einen übersichtlichen Plan erstellen, wann Sie welche Kunden mit welchen Maßnahmen pflegen wollen und wie teuer bzw. aufwändig dies sein darf.

Ein Beispiel für einen Maßnahmen-Matrix mit erreichten Zielgruppen

	Vermögende Privatkunden	Firmenkunden	Familien	Presse
Website	X	X	X	X
Broschüre	X	X	X	X
Visitenkarte	X	X	X	X
Pressetexte				X
Mailings	X	X	X	
Events	X	X	X	
Vertriebsförderung	X	X	X	

Ihre Checkliste zur Kundenbindung

Mehr Profit durch Kundenorientierung: Machen Sie Ihren Kunden zum Partner. Dabei geht es darum, eine Beziehung zum Kunden aufzubauen bzw. die bisherige Beziehung zu überprüfen und zu festigen. Ihr Kunde soll Sie als Partner sehen, der mit ihm am gleichen Strang zieht.

Beantworten Sie sich einmal kritisch die folgenden Fragen, um zu erkennen, was Sie im Bereich der Kundenorientierung noch verbessern können:

- Wissen Sie, wie zufrieden Ihre Kunden sind?
- Wissen Sie, warum Kunden zufrieden oder unzufrieden sind?
- Haben Sie untersucht, warum manche Kunden abwandern?
- Können Sie aus Erfahrung sagen, wie sich Ihre Kunden bei Beschwerden verhalten?
- Ist Ihnen klar, was es bedeutet, wenn unzufriedene Kunden über Sie reden?
- Haben Ihre Mitarbeiter Vorgaben im Umgang mit Beschwerden?
- Erfassen Sie Reklamationen und werten sie aus?
- Nutzen Sie die Erkenntnisse aus Reklamationen, um den Service zu verbessern?
- Schulen Sie Ihre Mitarbeiter regelmäßig in Kundenorientierung und Service?
- Gehört die Kundenorientierung zu Ihren Unternehmenszielen?

Viele Vermittler bemühen sich zwar sehr darum, neue Kunden zu gewinnen, aber sie engagieren sich zu wenig, um ihre Kunden zu behalten. Dabei ist ein erhaltener Stammkunde viel wertvoller als ein neuer, der womöglich nur einmal kauft. Machen Sie sich in diesem Zusammenhang eines klar: „Ehrlichkeit gegenüber dem Kunden ist das oberste Gebot, um glaubwürdig zu sein."

Ausblick: Marketing-Maßnahmen für kleine Budgets

Auch mit kleinem Budget kann Marketing erfolgreich sein. Entwickeln Sie kreative Ideen und setzen Sie zielgerichtete und gut geplante Aktionen ein. Einige Tipps dazu.

Direktmarketing

1. Sammeln Sie selbst Daten aus dem Internet oder aus dem Telefonbuch. Schreiben Sie die richtige Zielkunden in Ihrem Verteiler an. Investieren Sie in professionelle Kontaktdaten.
2. Fragen Sie Ihre Kunden, ob sie lieber per Mail oder per Briefpost auf dem Laufenden gehalten wollen und richten Sie sich danach. Kombinieren Sie Brief- mit Mails-Aktionen.
3. Verstärken Sie die Wirkung durch eine telefonische Nachfassaktion bei Kunden mit potenziellem Bedarf.

Vom Wettbewerber abgrenzen

4. Kopieren Sie nicht Ihre Mitbewerber, sondern geben Sie Ihrem Unternehmen ein einzigartiges Profil.
5. Geben Sie dem Kunden Teile Ihrer Produkte kostenfrei, z.B. unverbindliche Erstberatung.
6. Verteilen Sie Gutscheine, mit denen Ihre Kunden einen Rabatt erhalten.
7. Bringen Sie gute Leistungen. Kunden danken Ihnen dies durch Weiterempfehlung: Mund-Zu-Mund-Propaganda (Viral-Marketing).
8. Fördern Sie Weiterempfehlung durch entsprechende Empfehlungsprogramme (Affiliate Marketing).
9. Fragen Sie Ihre Kunden nach Testimonials und veröffentlichen Sie diese.
10. Kooperieren Sie mit anderen Unternehmen, mit denen Sie nicht im Wettbewerb stehen.

Online-Maßnahmen

11. Stellen Sie gute Inhalte bereit und aktualisieren Sie diese regelmäßig, denn „Content is King“.
12. Um Ihre Homepage aktuell zu halten, können Sie gute externe RSS-Inhalte einbauen.
13. Wenn Sie selbst gute Inhalte bereitstellen, können Sie auch einen RSS-Feed anbieten.
14. Wenn Ihre Zielgruppe im Web 2.0 mitmacht: Taggen und twittern Sie.

Klassische Online-Werbung

15. Finden Sie passende Suchworte und werben Sie mit Google-Adwords.
16. Achten Sie bei der Einrichtung Ihrer Homepage auf ein modernes attraktives Design und gute Benutzerführung, damit alle wichtigen Inhalte mit höchstens drei Klicks auffindbar sind.
17. Bauen Sie einen eigenen Mail-Verteiler auf und versenden Sie regelmäßig Ihren Newsletter.

Im Gespräch bleiben

18. Machen Sie Presse-Arbeit und versenden Sie Pressemeldung per E-Mail
19. Tragen Sie Ihre PR-Meldungen auf Presse-Portalen ein, um Ihr Google-Ranking zu optimieren.
20. Tragen Sie Ihre Firmen in Online- und Fachverzeichnissen ein, damit Sie gefunden werden.
21. Kommentieren Sie in Xing-Finanzforen fachkundig und stellen Sie Ihre Expertise unter Beweis.

Marktforschung

22. Fragen Sie mit Ihre Kunden, was Sie besser machen können.
23. Beobachten Sie den Markt mit Google Alerts: Wer berichtet was über Ihr Unternehmen?
24. Kontrollieren Sie Ihren Werbe-Erfolg. Überprüfen Sie was funktioniert und was nicht funktioniert. Beenden Sie unwirksame Maßnahmen und investieren Sie in Werkzeuge, die wirken und funktionieren.
25. Setzen Sie auf Webcontrolling. Analysieren Sie Ihre Website-Statistik: Was interessiert Ihre Kunden?
26. Beobachten Sie Ihren Newsletterversand – Welche Produkte/Themen kommen beim Kunden an?
27. Bevor Sie ein großes Mailing verschicken, testen Sie sie erst mal im Hausfrauentest: an einem kleinen Adressaten-Verteiler ohne Vorkenntnisse. Das hilft große Fehler zu vermeiden.

Kampagnenmanagement

28. Finden Sie heraus, wo Sie am besten Ihre Kunden antreffen.
29. Ein Kanal bewirkt wenig. Planen Sie zielbewusst, kosteneffizient und crossmedial: also online und offline.

Kuscheln mit dem Kunden

Der wahre Marketing-Magnet ist und bleibt der Mensch. Denn auch in Zukunft kaufen Menschen von Menschen. Nur Menschen können Emotionen, Leidenschaft und Überzeugung an andere Menschen vermitteln. Was für den wirtschaftlichen Erfolg zählt, ist alleinig die Fähigkeit, sich in die Lage des Kunden hineinzuversetzen. Kunden brauchen Vermittler, die Beziehungen systematisch und intensiv managen. Somit wird der Verkäufer der Zukunft mehr und mehr zum Beziehungsmanager. Ziel ist, den Kunden in die Lage zu versetzen, selbst besser leben können. Dabei wird der Verkäufer zum Berater, der dem Kunden mit Informationen, Rat und Tat zur Seite steht, wobei das eigene Produkt nicht immer im Mittelpunkt aller Bemühungen stehen muss. Und was macht eine gute Beziehung aus? Beidseitige Partnerschaft, Vertrauen sowie Geben und Nehmen sind wichtige Punkte. Der Finanzberater wird also zum Beziehungsmanager und zugleich zum Partner, Freund und Lebenshelfer seiner Kunden.

Der IT-Experte und Info-Broker setzt auf Wissen

Wissen ist das Kapital des 21. Jahrhunderts. Deshalb ist der Finanzdienstleister der Zukunft mit modernster Technologie ausgestattet. Er ist via Internet 24 Stunden virtuell ansprechbar. Für die neue Generation ist alles Wissen mit einem Knopfdruck verfügbar. Der Finanzberater der Zukunft startet mit einer umfassenden Kundenanalyse. Dazu führt er ein strukturiertes Verkaufsgespräch, bei dem er die ganzheitliche Kundensituation erfasst. Denn Zielkunden wie Singles oder Familie haben ganz unterschiedliche Wünsche, die es zu bearbeiten gilt. So erfasst er alle Kundendaten: ihre Träume, Erwartungen und Motive. Er archiviert seine Kundeninformationen im Customer-Relationship-Management-System – kurz CRM –, um alle Daten zur aktuellen Kundensituation zu speichern. Die Organisation von Wissen ist der zentrale Erfolgsfaktor für die Finanzdienstleistung.

Der Kommunikationsprofi setzt auf neue Medien

Über gesetzliche Änderungen wie Steuerrecht, Einkommenssteuer oder Erbschaftsrecht informiert der Vermittler der Zukunft seine Kunden unverzüglich online per Newsletter. Zudem kann er sich noch mit seinen VIP-Kunden zur Internetkonferenz verabreden, um spezielle Themen zu erörtern. Dabei kommen unterschiedliche Kommunikationsformen gleichzeitig zum Einsatz, z.B. das Konferenzprogramm „Netmeeting" von Microsoft mit VoIP-Telefonie (Voice over IP), Webcam, Chat und Datentransfer. Eine schnelle und stabile Internetverbindung ist jedoch Voraussetzung. Die Vorteile liegen auf der Hand: Beide Seiten sparen Reisekosten und Zeit. Jedoch ersetzt auch in Zukunft der virtuelle Kontakt nicht das persönliche Gespräch, bei dem sich Vermittler und Kunde live und hautnah persönlich erleben. Deshalb gewinnen Events an Bedeutung. Der Vermittler lädt seine Kunden regelmäßig zu Abendveranstaltungen ein, um über neue Trends zu informieren. Kundenbeziehungen sind für ihn – als „Best Advice"-Partner – der Schlüssel zum Erfolg.

Lebenslanges Lernen ist Pflicht

Ziel eines jeden Vermittlers muss sein, seine Kunden jeden Tag neu zu begeistern. Der Vermittler überrascht den Kunden mit neuen Ideen. Er ist über den aktuellen Markt gut informiert, beispielsweise kennt er innovative Produkte zur Altersvorsorge. Basis ist die Bereitschaft zu lebenslangem Lernen. Vermittler müssen in Zukunft mehr an ihrer Qualifizierung arbeiten und auf ihr Haftungsrisiko achten. Denn nur wer sich regelmäßig weiterbildet, ist in der Lage, den Überblick am Markt zu halten. Zukünftig wird derjenige erfolgreich sein, der über die richtigen Informationen verfügt. Wenn Sie über die klassischen Kommunikationskanäle das Potenzial des Internets für sich entdecken und die neuen Medien richtig nutzen, um sich regelmäßig bei Ihrem Kunden in Erinnerung zu rufen, dann sind Sie der neue Typ des Finanzdienstleisters!

Ein Beispiel zur Nutzung der neuen Medien: Medienservice für Vertriebspartner

Um die Informationsflut rund um Brancheninfos, Gesetze und Nachrichten für freie Vermittler und Makler zu bewältigen, bieten einige Versicherer ihren Vertriebspartnern eine spezielle Serviceleistung: kurze, prägnante und kurzweilige Videos, die unkompliziert und bequem online via Internet abgerufen und angeschaut werden können. Freie Vermittler erhalten mit diesen „Podcasts" einen schnellen und anschaulichen Zugang zu Produkten, Dienstleistungen und aktuellen Themen der Versicherungsbranche (wie z.B. zu den Anforderungen des neuen VVG und zu der „EU-Vermittlerrichtlinie"). Und wie bereiten Sie sich auf die Zukunft vor? Was bieten Sie Ihren Partnern und Kunden, um auch in der Zukunft Ihre Position zu sichern?

Das Marketing der Zukunft

Der Kunde der Zukunft ist bestens informiert und reagiert allergisch auf verkaufstechnische Banalitäten aller Art. Durch das Internet wird er intensiver denn je Antworten auf seine Frage suchen: „Bin ich hier beim richtigen Finanzberater für mein Anliegen?" Mehr denn je wird die Glaubwürdigkeit, Souveränität und Qualifizierung des Vermittlers über seinen wirtschaftlichen Erfolg entscheiden. Vor diesem Hintergrund ist besonders wichtig, dass sich eine emotionale Nähe zum Kunden entwickelt. Authentizität wird deshalb zum neuen Leitwert für den Vermittler der Zukunft. Die Informationsflut, das Überangebot an Finanzprodukten sowie sich ständig ändernde gesetzliche Rahmenbedingungen überfordern den Kunden und schüren seine Unsicherheit. Ein Paradies für Vermittler! Denn der Bedarf an Beratungsleistung und an individuell zugeschnittenen Geldanlagen steigt überproportional. Schnelligkeit, Flexibilität und das Gespür, die richtigen Angebote zur rechten Zeit dem Kunden vorzuschlagen – das sind die großen Herausforderungen für das Marketing der Zukunft.

Digitale Vertriebsstrategie

Durch technologische Entwicklungen wie das Internet, durch die globale Vernetzung und dem unmittelbaren Zugang zu weltweit vorhandenen Informationen ändern sich viele Rahmenbedingungen für Finanzdienstleister. Wissen wird dabei zum wichtigsten Kapital, das die höchste Rendite verspricht.

Das Marketing für den Finanzdienstleister der Zukunft

Internet ist das Transportsystem der Zukunft. Ist diese Nutzung bislang noch ein Stiefkind im Vertrieb, so wird dies in Zukunft die Erfolgschance sein. Das Internet ist kein zusätzlicher Vertriebskanal, sondern muss aktiv in die Unternehmensstrategie integriert werden. Die Möglichkeiten, das Internet ins Vertriebskonzept zu integrieren, sind heute schon enorm und noch längst nicht ausgeschöpft. Eine Chance, die gerade für die Finanzdienstleistungsbranche ein großes Potenzial darstellt. Vermittler sind daher gut beraten, wenn sie sich dem Medium Internet mehr öffnen und es aktiv in ihre Geschäftstätigkeit einbinden. Allein die Kontaktmöglichkeiten zur Gewinnung neuer Kunden sind gigantisch.

Vision über den Finanzdienstleister der Zukunft

Eine magische Zauberformel für die Zukunft heißt: „Persönlicher Kontakt gleich wirtschaftlicher Erfolg.“ Der Finanzdienstleister der Zukunft ist kundenorientiert, informiert und technisch versiert. Er ist Spezialist für die individuelle Situation der Kunden und bietet maßgeschneiderte Lösungen an. Er verkauft ganzheitlich und bedarfsorientiert. Er hat regelmäßigen Kontakt und pflegt gute Beziehungen mit seinen Kunden. Schnelligkeit, Flexibilität und das Gespür, dem Kunden die richtigen Angebote zur rechten Zeit vorzulegen, sind wichtige Eigenschaften eines Finanzdienstleisters der Zukunft. Und so wird Ihr Kunde zum Freund und Partner. Sind Sie gut darauf vorbereitet?

Web 2.0 für Finanzdienstleister

Dank Web 2.0 herrscht wieder Goldgräberstimmung im Internet. Spektakuläre Übernahmen sind hier zu erleben. Aktien von Newcomern wie MySpace, Flickr, YouTube und Facebook, die noch vor zwei Jahren niemand kannte, werden nun zu Höchstpreisen gehandelt. Web 2.0 verändert auch die Finanzbranche: Makler networken über Xing. Anleger beschweren sich über Falschberatung auf öffentlichen Plattformen wie Ciao. Kredite werden statt von Banken von privaten Geldgebern über spezielle Plattformen vermittelt. Emissionshäuser verlagern ihre Roadshows und Schulungen in Webmeetings. Softwarehäuser geben Support und Schulungen über Desktopsharing. Makler beraten ihre Kunden in Online-Meetings zu Versicherungen und Geldanlagen. Erfahrene verkaufen auch übers Webmeetings.

Was ist Web 2.0?

Web 2.0 bezeichnet primär eine veränderte Nutzung und Wahrnehmung des Internets: „Benutzer erstellen und bearbeiten Inhalte in quantitativ und qualitativ entscheidendem Maße selbst. Maßgebliche Inhalte werden nicht mehr nur zentralisiert von großen Medienunternehmen erstellt und über das Internet verbreitet, sondern auch von einer Vielzahl von Individuen, die sich mithilfe sozialer Software zusätzlich untereinander vernetzen". So die Online-Enzyklopädie Wikipedia. Das Web 2.0 wird durch Multimedia-Anwendungen wie Audio und Video lebendig, und neue Netzwerke oder neudeutsch „Communities" ermöglichen weltweite Kommunikation. Websites entwickeln sich zu attraktiven Diskussionsplattformen und die Grenzen zwischen klassischen Medien und Internet verschwinden.

Von Web 1.0 zu Web 2.0

Web 1.0	Web 2.0
■ Statisch ■ Klare Trennung von Anbietern und Nutzern ■ Eingeschränkte Eingriffsmöglichkeiten der Nutzer ■ Gestaltung mit Text und Bildern ■ Schmalband-Nutzung	■ Dynamisch ■ Grenzen zwischen Anbietern und Nutzern verschwinden ■ Inhalte können von jedermann erstellt werden ■ Großes Ausmaß an Interaktivität ■ Multimediale Gestaltung ■ Breitband-Nutzung

Mit Web 1.0 musste das Internet mit statischen Elementen auskommen. Neue Technologien und schnelle Internetzugänge mit hohen Bandbreiten ermöglichen nun das dynamische Web 2.0 mit Rich-Media und User Generated Content. Video und Audio können jetzt seitenlange Textwüsten mit statischen Grafiken ersetzen.

User Generated Content meint Inhalte, die von den Usern verändert werden. So z.B., wenn User einen Artikel auf einer Website kommentieren. Es entstehen neue, gemeinsam in Kooperation erstellte Inhalte. Wikipedia ist das beste Beispiel: das Wissen vieler, eingesetzt für einen gemeinsamen Zweck. Eine kontinuierlich aktualisierte Wissensbasis wächst ständig weiter, die kein Unternehmen alleine erstellen könnte.

Der Kunde gewinnt an Macht. Die neuen Angebote verändern das Nutzerverhalten massiv. Der Kunde äußert seine freie Meinung – in Wikis, Blogs, Bewertungs- und Preisvergleichsportalen. Was früher über persönliche Empfehlung initiiert wurde, kann jetzt über soziale Netzwerke wie YouTube, MySpace oder Xing virusartig schnell verbreitet werden. Online können auf bestimmten Portalen auch die Leistungen von Finanzdienstleistern bewertet werden.

Wenig Erfahrung mit User Generated Content

Deutsche Banken, Versicherer und Finanzdienstleiter bewegen sich bisher recht zurückhaltend im Web 2.0. Die meisten Finanzdienstleister nutzen das Internet, um das Unternehmen zu präsentieren. Sie informieren ihre Kunden und stellen ihre Produkte vor, allerdings häufig nur oberflächlich und unstrukturiert – oder viel zu umfangreich und langweilig. Regelmäßige Analysen der Qualität der Website (Web-analytics) werden selten systematisch durchgeführt. Webcontrolling haben die wenigsten Unternehmen bisher konsequent umgesetzt. Interaktion gibt es auf Bank- und Versicherungswebsites kaum. So gibt es erst bei wenigen Versicherungen Ansätze mit Blogs. Rich-Media-Applikationen hingegen setzen sich durch und entwickeln sich zum Standard.

Rich-Media-Einsatz wird Standard

Viele Verbraucher empfinden das Thema Finanzprodukte als zu kompliziert, öde und langweilig. Deshalb sind die Anforderungen an eine gelungene Produktdarstellung und einen gelungenen Beratungsprozess hoch. Erstere muss wesentliche Kundenbedürfnisse fokussieren, einfach und verständlich sein, mit möglichst wenig Text auskommen und Interaktionsmöglichkeiten konsequent anbieten. Usablity-Tests zeigen, dass viele Finanzprodukte online eine geringe Informationstiefe aufweisen und den User oftmals ohne Orientierungshilfen ratlos zurücklassen. Geringe Informationstiefe heißt nicht, dass nicht viel Content, insbesondere Text, angeboten wird. Nur sind diese Produktinformationen teilweise versteckt und kaum auffindbar bzw. mangelhaft aufbereitet. Rich-Media-Applikationen sind kein Allheilmittel, aber Bild und Ton eignen sich besser zum Verständnis komplexer Sachverhalte. Laut Studien werden Inhalte besser im Hirn gespeichert, wenn mehre Sinneskanäle angesprochen werden. zudem ist das seitenlange Lesen sehr anstrengend und mühsam für die Augen.

Websites mit Audio-Unterstützung

Einige Banken und Versicherungen arbeiten bereits erfolgreich mit Sprache und Sound auf ihren Websites. Die vertonte Website unterstützt Internetnutzer beispielsweise in kritischen Dialog- und Abschlussprozessen. Einige Versicherer setzen bereits solche Audio-Interfaces ein. Den Nutzer führen und binden, das ist das übergreifende Ziel. Akzeptanz und Ausstattung für Audio-Interfaces (Lautsprecher, Kopfhörer) sind inzwischen in der Regel beim Nutzer vorhanden. Denn bei der rein visuellen Ausrichtung von Internetanwendungen bleiben viele emotionale Aspekte auf der Strecke.

Die Vertonung von Internetauftritten ohne Performance-Einbußen ist technisch kein Problem. Die Website „spricht" zum User und baut allein über ein weiteres Sinnesorgan eine persönliche, direkte Beziehung auf. Dies reduziert z.B. bei Abschlussprozessen die Abbruchraten deutlich. Verhaltenspsychologisch ist das nachvollziehbar: Ein Gespräch beendet man nicht einfach unvermittelt. Und wenn eine Stimme sympathisch und/oder attraktiv gefunden wird, wird es schwer, einfach wegzuklicken, ohne sich angemessen zu verabschieden. Kommt Bewegtbild zum Ton hinzu, wird es noch spannender.

Erkenntnisse zu den Erfahrungen mit Audio-Unterstützung liegen inzwischen vor. Generell lässt sich festhalten, dass User vor allem in Prozessen aktiv eine Audio-Unterstützung wählen. Die Abbruchquoten im Prozess sinken durch eine Audio-Unterstützung deutlich. Je komplexer eine Anwendung, desto eher zeigen sich Erfolge. Einige Unternehmen erreichen je nach Anwendung über 25 Prozent mehr Response, beispielsweise bei der Auslösung einer Angebotsanfrage oder bei Tätigung eines Abschlusses.

Websites mit Videos zur Produktpräsentation

Produktpräsentation interaktiv: Viele Versicherer greifen mittlerweile auf die Möglichkeit zurück, ihre Produkte per Video zu präsentieren. Die Kunden haben dann oft die Möglichkeit, die Anwendung interaktiv zu steuern und sich die individuell gewünschten Informationen zu beschaffen.

Herr Kaiser in Aktion

Kaiser 2.0: Der bekannte Versicherungsberater der Hamburg-Mannheimer besucht seine Kunden nun auch über das Internet.

Ein weiterer Schritt ist die Einführung eines virtuellen Versicherungsberaters. Er vermittelt dem Kunden über ein Video-Interface beispielsweise Fakten über die Riester-Rente und hilft ihm dann interaktiv, seine Versorgungslücke zu berechnen.

Rich-Media wird zur Selbstverständlichkeit

Das Internet hat sich endgültig bei der Bevölkerungsmehrheit als Informations-, Kommunikations- und Transaktionsmedium etabliert. Die Nutzung des Internets gehört zum Alltag. Die Ansprüche an eine mediengerechte Darstellung von Web-Inhalten – egal, ob Unternehmenspräsentation, journalistische Artikel oder Werbung – wachsen. Offline erledigte Aktivitäten wie Banking oder Shopping werden zunehmend ins Internet verlagert. In den nächsten Jahren werden viele der im Internet aktiven Finanzdienstleister interaktive Informationen für Endverbraucher und/oder Vertriebspartner anbieten, unterstützt mit Sound und/oder Video. Rich-Media wird so zur Selbstverständlichkeit. Mit User Generated Content wird sich die Branche schwerer tun.*

Zehn goldene Praxis-Tipps für Versicherungsmakler, die Kunden vor Ort gewinnen wollen

Der Großteil der täglichen Nachfrage nach Versicherungsleistungen besteht im lokalen Umfeld. Deshalb ist die ist die Mehrzahl der Makleragenturen mittelständisch geprägt und überwiegend lokal tätig. Beachten Sie daher die Erfolgsregeln von Michael Böhm (2006), wie Sie Kunden vor Ort gewinnen:

* Mehr Infos zu den Studien „Web 2.0 in der Assekuranz" und „Die Assekuranz im Internet" unter www.hilker-consulting.de

1. Ist-Analyse: Wer die Ausgangslage falsch einschätzt, verpatzt seinen eigenen Start! Verschaffen Sie sich einen detaillierten und ehrlichen Überblick über Ihre aktuelle Situation!
2. Soll-Analyse: Nur wer das Ziel kennt, findet auch einen Weg dorthin! Machen Sie sich Gedanken über das Ziel Ihres Unternehmens und definieren Sie dann einzelne Teilziele, die Sie im Laufe eines Jahres erreichen können.
3. Ihre Marken-Persönlichkeit verkauft! Austauschbare Produkte erfordern eine unverwechselbare persönliche Identität (Marke) des Unternehmers.
4. Sprechen Sie die Sprache Ihrer Kunden! Wählen Sie Ihre Zielgruppe und deren Kommunikationsstil aus und passen Ihr Marketing entsprechend an. Sie werden nie alle möglichen Kunden erreichen können.
5. Eine Versicherung ist mehr als eine Versicherung! Jedes Produkt besteht aus dem Kernprodukt und der Produktaura bzw. dem Produktumfeld. Inszenieren Sie Ihre Produkte und laden Sie sie somit mit zusätzlichen Kundenbindungselementen positiv auf.
6. Arbeiten Sie nie ohne Netz! Suchen Sie sich interessante Kooperationspartner in Ihrer Region, die die gleiche Zielgruppe wie Sie ansprechen und schnüren Sie Leistungspakete mit Mehrwerten: z.B. bei Kfz-Angeboten durch eine Kooperation mit Autohäusern. So gewinnen Sie neue Kunden durch Mehrwert-Angebote.
7. Nur wer auffällt, wird auch wahrgenommen! Seien Sie kreativ, verlassen Sie die Reihe der grauen Mäuse und gehen Sie in Ihren Werbeaktivitäten neue Wege. Ihre Kunden wollen immer wieder neu begeistert und gewonnen werden.
8. Mit pfiffigen Ideen sparen Sie Geld! Inszenieren Sie Ihre Schaufenster und Ihr Ladenlokal wie ein Bühnenstück und nutzen dabei auch das Potenzial Ihrer Mitarbeiter und Ihres Netzwerkes.
9. Wenn Sie verkaufen wollen: Lächeln Sie! Begeistern Sie sich selbst immer wieder für Ihre Aufgaben und geben Sie etwas von Ihrer positiven Ausstrahlung an Ihre Kunden ab.
10. Lösen Sie die Probleme Ihrer Kunden! Vermitteln Sie Ihren Kunden das Gefühl, deren Probleme am besten lösen zu können. Es gibt keine bessere Grundlage für eine effektive und sehr kostengünstige Mund-zu-Mund-Propaganda.

Nun haben Sie mit diesem Buch viel frisches Marketing-Wissen getankt. Damit Sie auch perfekt in der Umsetzung werden, gilt es auch bald anzufangen. Wenn ich Ihnen abschließen noch einige Handlungsempfehlungen geben darf:

- Arbeiten Sie an einzigartigen Alleinstellungsmerkmalen, einer gezielten Positionierung und der richtigen Strategie ab. Denn davon hängt Ihr Marketing-Erfolg hängt ab.
- Entwickeln Sie Mut, Kreativität und Cleverness, um sich vom Wettbewerb zu differenzieren.
- Profilieren Sie sich und versinken Sie nicht im Mittelmaß, sondern handeln Sie leidenschaftlich, konsequent und kontinuierlich mit Herz, Hirn und Humor.
- Fangen Sie gleich heute an, denn jeder Tag zählt. Planen Sie den ersten Schritt Ihrer Erfolgsstrategie. Notieren Sie, welche Schritte Sie gehen wollen
- Setzten Sie sich einen Zeitplan, an den Sie sich halten.
- Falls Ihnen Marketing Know-how fehlt, kaufen Sie Marketing-Beratung ein, das ist günstiger, als alle möglichen Fehler zu machen, die in der Summe viel Zeit, Geld und Nerven kosten.

Viel Erfolg wünscht Ihnen Claudia Hilker

Anlage: Ihre Marketing-Checklisten im Überblick

Zur Entwicklung Ihrer individuellen Marketing-Strategie

Schauen Sie sich die Ergebnisse der folgenden Checkliste im Überblick an. Entwickeln Sie daraus Ihre Marketing-Strategie. Überlegen Sie dafür: Warum ist der Ist-Zustand Ihres Unternehmens nicht so wie der Soll-Zustand? Oder: Welches ist die Haupthürde, die verhindert, dass Sie Ihre Marketing-Ziele erreichen? Was hindert Sie z. B. daran, dass Sie – im Gegensatz zu Ihren Konkurrenten – keine neuen Märkte erschließen können? Was hindert Sie daran, dass Sie Ihren Umsatz nicht steigern können? Wenn Sie diese Haupthürde erkannt haben, können Sie diese zum Dreh- und Angelpunkt Ihrer Marketing-Maßnahmen machen. Bei der Ursachenforschung sollten Sie auch externe Beratung in Anspruch nehmen. Mit diesen Angaben gewinnen Sie die Grundlage zur Entwicklung Ihrer Marketing-Strategie.

Markt-Überblick

1. Welche Trends lassen sich am Markt erkennen?
2. Welche neuen Anforderungen haben Ihre Kunden?
3. Welche Chancen und Risiken sehen Sie in diesem Umfeld für Ihr Unternehmen?
4. Wer sind Ihre stärksten Wettbewerber? Machen Sie eine Konkurrenzanalyse.

Unternehmensanalyse

5. Was qualifiziert Sie als Macher für Ihre Aufgabe?
6. Wie positionieren Sie sich am Markt?
7. Was macht Ihr Unternehmen einzigartig?
8. Für welche Werte steht Ihr Unternehmen?
9. Was sind Ihre wichtigsten Produkte und Dienstleistungen?
10. Welche konkreten Vorteile bieten Sie Ihren Kunden?
11. Was sind Ihre Stärken, Schwächen, Chancen und Risiken?

Zielkunden definieren

12. Wie viele Kunden haben Sie und welche sind die wichtigsten?
13. Wie ticken Ihre Kunden: Warum kaufen Ihre Kunden bei Ihnen?
14. Was wissen Sie über Ihre Kunden, z.B. Alter, Geschlecht, Hobbys, Einkommen, Bedürfnisse?
15. Erfassen Sie Kunden-Stammdaten und persönliche Daten in einem elektronischen Kunden-Informationssystem?
16. Wie wollen Sie neue Zielkunden gewinnen?
17. Mit welchen Maßnahmen binden Sie Ihre Kunden?
18. Wie wollen Sie mehr Umsatz mit bestehenden Kunden machen?
19. Mit welcher Priorität bedienen Sie Ihre Kunden?
20. Wie werden Interessenten zu Kunden?
21. Erhalten Sie Empfehlungen oder Referenzen?
22. Werden gezielt bestimmte Kundengruppen mit bestimmten Angeboten angeschrieben?
23. Wie sieht Ihre persönliche Beziehungspflege zu Ihren Kunden aus?
24. Sind Ihre Kunden an Ihr Unternehmen gebunden, d.h. erfolgt eine Bestandsbearbeitung mit festen Ansprechpartnern?

Marketing-Strategie

25. Welche Visionen haben Sie: Welche Ziele wollen Sie in fünf, zehn oder zwanzig Jahren erreicht haben?
26. Stimmt die derzeitige Organisation, um Ihre Geschäftsziele zu erreichen?
27. Wollen Sie mehr bestehende Produkte oder neue Produkte vertreiben?
28. Wollen Sie Ihren bestehenden Markt verstärkt bearbeiten oder neue Märkte erobern?
29. Welche Ziele wollen Sie erreichen?

Wie Sie Ihre Marketing-Ziele klar formulieren

Mit klaren Zieldefinitionen können Sie nach einem festgelegten Zeitraum überprüfen, ob Sie diese Ziele erreicht haben. Müssen ggf. Einzelmaßnahmen oder deren Umsetzung optimiert werden? Muss notfalls die Strategie neu ausgerichtet werden? Das betrifft in erster Linie eindeutig messbare betriebswirtschaftliche Größen:

- Haben Sie Ihren Absatz, Umsatz, Gewinn gesteigert?
- Haben Sie mit Ihrem Produkt bzw. Ihrer Dienstleistung den angestrebten Marktanteil von xy Prozent erzielt?
- Haben Sie Ihre Rentabilität (Gewinn im Verhältnis zu eingesetztem Kapital) gesteigert?

Vergleichen Sie Ihre eigenen betriebswirtschaftlichen Ergebnisse und Kennzahlen mit den Zahlen des Vorjahres und Ihrer Bestandsaufnahme. Vergleichen Sie sie möglichst auch mit den Kennzahlen für Ihre Branche.

Vertriebstrategie

30. Wie ist Ihre Vertriebsstrategie?
31. Welche Vertriebskanäle setzen Sie ein zur Neukundengewinnung?
32. Kundentreue: Wie lange bleiben die Kunden bei Ihnen?
33. Cross-Selling: Wie viele Verträge hat ein Kunde bei Ihnen?
34. Wie viele neue Kunden wollen Sie pro Monat / Jahr gewinnen?
35. Über welche Maßnahmen und Kanäle akquirieren Sie neue Kunden?
36. Wie akquirieren Sie potenzielle Kunden, die noch nie mit Ihnen gearbeitet haben?
37. Führen Sie Veranstaltungen zur Kunden-Akquise durch?
38. Führen Sie eine gemeinsame Produktentwicklung mit Ihren Kunden durch?
39. Prüfen Sie die Kundenzufriedenheit regelmäßig? Wenn ja: wie?
40. Wissen Sie, wie Ihr Kunde über Ihr Unternehmen denkt und spricht?
41. Wie beschaffen Sie sich interessante Empfehlungen?
42. Kennen Sie die größten Wünsche Ihrer Kunden und wie ergründen Sie diese?
43. Wie werden Kunden im Bestand betreut?
44. Welche Zielkunden wollen Sie gewinnen?
45. In welche Stammkunden wollen Sie investieren?
46. Welche Maßnahmen möchten Sie in Zukunft einsetzen? Einige Beispiele: Werbeanzeigen, Pressearbeit, Telefon-Marketing, Mailings, Website, Magazin, Broschüren; Multimedia-Einsatz: Podcast, Filme; Events wie Messen, Roadshows; Suchmaschinen-Optimierung, Google Adwords, Sponsoring, Newsletter, Verkaufsförderung, Veröffentlichung des Geschäftsberichts – oder ganz andere?

Kommunikationsstrategie

47. Welche Botschaften wollen Sie in den Köpfen Ihrer Zielkunden verankern?
48. In welcher Frequenz wollen Sie Ihre Aktionen durchführen, z. B. monatlich oder als einmalige Kampagne?
49. Mit welchen Anreizen wollen Sie die Wirkung Ihrer Aktionen verstärken, z. B. Gutschein für kostenlose Beratung?
50. Nutzen Sie Medien wie Website, Video, Hotline, Training für Ihre Kundenkommunikation?
51. Was soll der Interessent über Ihr Unternehmen denken?
52. Wie lautet die perfekte Headline über Ihr Produkt / Ihre Firma / Ihre Person?
53. Welche Themen möchten Sie verbreiten?
54. Welche Ziele streben Sie für Ihr Unternehmen an? Zum Beispiel: Bekanntheitsgrad verbessern, Kundenbindung, Akquise, Kommunikationspflege in der Öffentlichkeit, Imagesteigerung, Positionierung, Marktführerschaft?
55. Über welche Medien wollen Sie Ihre Zielgruppen erreichen: Tageszeitungen, Fachzeitschriften, Publikumszeitschriften, Radio und TV-Sender, Internetmedien, Web 2.0?

Wie Sie Überblick über Ihren Maßnahmen-Mix gewinnen

Beispiel für einen Jahresplan mit Maßnahmen-Mix für den Versicherungsmakler Herbert Müller.

Maßnahmen	1	2	3	4	5	6	7	8	9	10	11	12
Corporate Identity überarbeiten	X											
Visitenkarten, Briefpapier, Flyer, Schild		X										
Website-Relaunch			X									
Newsletter-Konzept und Redaktion				X			X			X		
Mailingaktionen zu ausgewählten Verkaufsthemen					X			X				
Kooperationen z. B. mit Autohäusern						X			X			
Lokale Pressearbeit								X				
Weihnachtsaktion												X

Wie Sie Ihre Marketing-Kosten kalkulieren

Alle Marketing-Aktivitäten haben eine „natürliche" Grenze: Ihr finanzielles Marketing-Budget. Stimmen Sie daher Ihre Planung mit den Ihnen zur Verfügung stehenden finanziellen Mitteln ab. Die nachstehende Tabelle erleichtert Ihnen, ein Marketing-Budget für Ihr Unternehmen zu ermitteln. Geben Sie dazu die Werte Ihres Unternehmens in die dafür vorgesehenen Felder ein. Je genauer Ihre Eingaben, umso verlässlicher sind die für Ihre weiteren Marketing-Aktivitäten berechneten Budgetdaten. Bedenken Sie, wie wichtig Kommunikation für Ihren Geschäftserfolg ist und investieren Sie hier, denn damit heben Sie sich ab von Ihren Mitbewerbern.

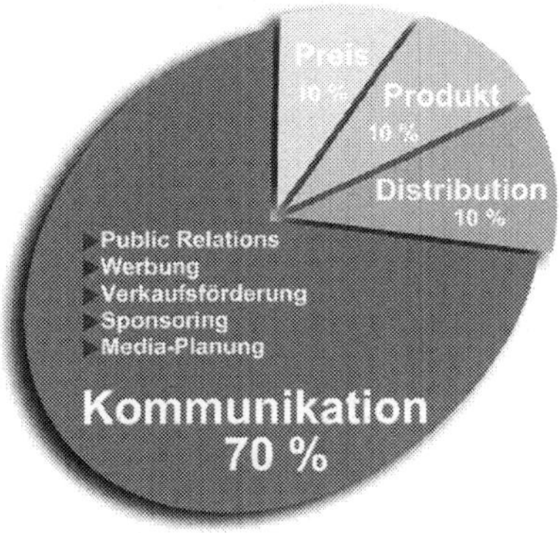

Budget-Verteilung – Der Stellenwert von Kommunikation wächst immer weiter.

Zur Budgetplanung

Es hat sich in der Praxis bewährt, die Kosten insgesamt für den Einsatz aller Marketing-Instrumente zu planen. Um ein wirksames Marketing zu erreichen, müssen die Kosten in jedem Jahr wieder neu eingeplant werden. Zur Planung der Budgetkosten gibt es beispielsweise zwei Möglichkeiten:

1. Die Kosten für das Marketing orientieren sich an Ihren Marketing-Zielen.
2. Sie planen einen fixen Prozentsatz für Ihr Marketing-Budget ein, z.B. 10 Prozent vom Umsatz des Vorjahres. Bei einem Jahresumsatz von 100 000 Euro beträgt das Marketing-Budget also 10 000 Euro.

Legen Sie Ihren Zeitplan fest!

Setzen Sie sich ein Ziel, in dem Sie für jeden einzelnen Punkt ein spezielles Datum festlegen, an dem die Marketing-Aktion abgeschlossen sein soll.

Aber denken Sie daran: Setzen Sie sich dabei nur realistische Ziele und nehmen Sie sich nie zuviel vor. Eine Enttäuschung aufgrund eines zu hoch gesteckten Ziels fördert nicht gerade Ihre Motivation.

Marketing-Controlling: Wie Sie mit Planabweichungen umgehen, bzw. Ihre Planung anpassen und/oder Ihre Kostenplanung und Kalkulation auf veränderte Rahmenbedingungen anpassen und Marketing-Maßnahmen verstärken. Schwieriger ist es, den Erfolg von Kommunikationsmaßnahmen, vor allem von langfristig wirkenden Maßnahmen zu messen.

Erfolgskontrolle von Kommunikationsmaßnahmen

- Haben Sie die Bekanntheit Ihrer Angebote erhöht?
- Haben Sie Ihr Image als xy-Unternehmen verbessert?
- Haben Sie die Zufriedenheit Ihrer Kunden erhöht?

Antworten auf diese Fragen erhalten Sie durch:

- Kundenbefragungen, z.B. per Mail oder Telefon
- Die Frage „Wie sind Sie auf uns aufmerksam geworden?“ bei jedem Neukundenkontakt
- Die Auswertung von Anzahl und Häufigkeit von Reklamationen und Beschwerden
- Abrufstatistiken für Webseiten (Logfiles) und deren einzelnen Inhalte: Welche Webseiten werden von Kunden geöffnet? Welche einzelnen Angebote werden hier angenommen? Welche Slogans oder Werbebanner werden angeklickt?

Wie Sie Ihre richtige Marketing-Beratung finden

Die Suche nach dem idealen Marketing-Berater ist vergleichbar mit der Suche nach dem Ehepartner: Die „Chemie“ muss stimmen! Zudem sollte im Vorfeld geplant werden, in welcher Art die Betreuung erfolgen soll und welches Budget dafür zur Verfügung steht. Die Auswahl der Agentur sollte sich in erster Linie nach ihrem Spezialgebiet richten, denn nur so ist das notwendige fach- und branchenspezifische Knowhow gewährleistet. Dazu gehören Produkt-, Markt- und Mitbewerberkenntnisse sowie Vertrautheit mit den Zielgruppen. Bei PR-Agenturen zählt außerdem auch der Kontakt zu den Fachmedien und zu den Fach- und Wirtschaftsjournalisten.

Natürlich gibt es neben Spezialisten auch große Agenturen, die Kunden aus unterschiedlichen Branchen bedienen. Diese verfügen meist über entsprechende Fachabteilungen, z.B. für den Bereich Finanzen. Eines der wichtigsten Kriterien bei der Auswahl der richtigen Agentur ist eine gemeinsame Vorstellung hinsichtlich der Zusammenarbeit. Dies sollte im gemeinsamen Gespräch eingehend überprüft werden. Nur so kann auch festgestellt werden, ob die Zielvorstellungen und gegenseitigen Erwartungen übereinstimmen. Die Kommunikationsarbeit erfordert einen intensiven und bisweilen täglic hen Austausch zwischen Kunde und Agentur. Deshalb ist eine vertrauensvolle und partnerschaftliche Einstellung zueinander die wichtigste Voraussetzung, um produktiv und erfolgreich zusammenzuarbeiten.

In fünf Schritten zur richtigen Marketing-Beratung

Dieser Leitfaden zeigt Ihnen, wie Sie für Ihr Unternehmen geeignete Partner für Ihr Marketing finden können. Die Basis für eine erfolgreiche Zusammenarbeit sind gemeinsame Ziele, eine gute Beziehungsebene und fachliches Know-how des Anbieters.

1. Orientierung: Definieren Sie Ihre Ziele

- Welche Ziele verfolgen Sie im Marketing?
- Welche Zielgruppe wollen Sie ansprechen?
- Welche Inhalte wollen Sie kommunizieren?
- Welche Aufgaben soll der Anbieter erfüllen?
- Handelt es sich um einzelne Projekte oder um eine langfristige Zusammenarbeit als Outsourcing?
- Welche Leistungen erwarten Sie von einer Agentur, z.B.
  - Beratung zu Strategie, Image, Marke, Positionierung,
  - Publizistische Arbeit für Presse, Ghostwriting, Broschüren
  - Medienarbeit für TV, Hörfunk, Radio, Filme
  - Beziehungspflege und Direktmarketing im B2C oder B2C-Bereich mit CRM
  - Eventgestaltung zu Pressekonferenzen, Tagungen?

2. Recherche: Erstellen Sie eine Info-Sammlung über Marketing-Anbieter

- Welche Suchkriterien sind für Sie wichtig? (Ort, Größe, Referenzen, Stil)
- Publikationen und Referenzen des Anbieters prüfen, persönlichen Eindruck festhalten.
- Fragen Sie nach Empfehlungen und Erfahrungen von Kollegen und befreundeten Unternehmen.

3. Erstkontakt: Kontaktaufnahme mit verschiedenen Anbietern

- Ist der Anbieter auf die Versicherungsbranche spezialisiert? Hat er Referenzen?
- Hat er einen Zugang zu Ihrer Zielgruppe?
- Erstkontakt per E-Mail, wecken Sie das Interesse des Unternehmens und bitten Sie um Rückruf.
- Wie reagiert der Anbieter auf Ihre Anfrage? Wer ruft Sie an?
- Erfragen Sie einen Vergleichspreis für ein bestehendes Projekt bei dem Anbieter.
- Hat das Unternehmen Kapazitäten frei in Ihrem erwünschten Zeitrahmen?
- Sind die Schwerpunkte des Anbieters bekannt? Hat er eine Homepage?
- Erscheint Ihnen der Erstkontakt angenehm und professionell?
- Stellen Sie so viele Fragen wie möglich und vermeiden Sie damit überflüssige Meetings.

Um Ihnen die Entscheidung zu vereinfachen finden Sie hier noch eine „Entscheidungshilfe", die die wichtigsten Kriterien zur Auswahl übersichtlich aufgliedert. Zudem enthält sie einige Hinweise, die oft zunächst wenig Beachtung finden, sich aber zu einem späteren Zeitpunkt schmerzhaft bemerkbar machen. Durch diese konsequente und systematische Vorgehensweise dürfte bald Ihr optimaler Partner für die Erstellung Ihrer Marketing-Aktivitäten gefunden sein.

4. Meeting

Führen Sie mit den Favoriten ein persönliches Gespräch. Prüfen Sie die Anbieter auf Herz und Niere. Machen Sie dem Anbieter Ihre Ziele und Vorstellungen klar.

- Wer ist der Anbieter, wie ist die Historie, welche Kernkompetenzen hat er?
- Hat Ihr Ansprechpartner fachliche Kompetenzen und Erfahrungen in der Branche?
- Geht Ihr Ansprechpartner auf Ihre Wünsche individuell ein, hört er Ihnen aufmerksam zu?
- Kann der Anbieter eine strukturierte und transparente Arbeitsweise gewährleisten?
- Wie transparent sind Leistungen, Angebot, Abläufe und Zahlungswesen?

5. Entscheidung

Werten Sie Ihre Ergebnisse aus

- Stimmen die Chemie und das Gesprächsniveau?
- Arbeitet der Anbieter fachlich genau, methodisch strukturiert und qualitativ hochwertig?
- Passen die Vorstellungen, Ziele und Arbeitsabläufe des Partners zu Ihrem Unternehmen?
- Ist das Preis-Leistungsverhältnis angemessen?
- Passt das Projekt in Ihr Budget?

Wie Sie die richtige PR-Agentur finden

- Hat die Agentur Erfahrung in Ihrer Branche oder Ihrem Geschäftsfeld?
- Werden Ihnen die Mitarbeiter, die Sie später betreuen werden, sofort persönlich vorgestellt? Sind die Mitarbeiter qualifiziert?
- Ist die Agentur telefonisch und per Mail gut erreichbar?
- Ist die Größe der Agentur für Ihr Unternehmen angemessen?
- Kann die Agentur namhafte Referenzkunden vorweisen? Bestand die Zusammenarbeit über einen längeren Zeitraum?
- Deckt sich das Leistungsangebot mit Ihren Bedürfnissen?
- Ist die strategische Ausrichtung der Agentur verständlich und gut strukturiert? Gibt es eine klare Linie?
- Ist die Honorargestaltung transparent?
- Gibt es die Möglichkeit, Verträge variabel abzuschließen (z.B. Projektarbeit)?
- Und nicht zuletzt: Stimmt die Chemie? Funktioniert die emotionale Basis der Zusammenarbeit?

Literaturtipps

Anlanger, Roman (2008): Trojanisches Marketing: Mit konventioneller Werbung zum Markterfolg. Haufe Verlag, Freiburg

Arndt, Peter / Braun, Gerold (2006): Erfolgreich Kunden akquirieren: Wie Sie als Finanzdienstleister Kunden gewinnen und mehr Profit erzielen. Gabler Verlag, Wiesbaden

Backwinkel, Holger / Sturtz, Peter (2006): Telefonieren. Professionelle Gesprächstechniken. 2. Aufl., Haufe Verlag, Freiburg

Behle, Christine / Vom Hofe, Renate (2006): Handbuch Außendienst. Verlag Moderne Industrie, Landsberg

Böhm, Michael (2006): Local-Marketing. Den Kunden vor Ort gewinnen. Cornelsen Scriptor, Berlin

Büschgen, Hans E. / Büschgen, Anja (2002): Bankmarketing. 2. Aufl., Verlag Wirtschaft und Finanzen, Düsseldorf

Dannenberg, Holger (2002): Neukundengewinnung. In: Pepels, Werner (Hrsg.): Handbuch Vertrieb. Konzepte, Instrumente, Erfahrungen. Carl Hanser Verlag, München / Wien, S. 31-48

Eickenberg, Volker (2008): Marketing für Versicherungsvermittler: Verkaufspotenziale entdecken – Neukunden finden – Bestandskunden binden. 2. Aufl., Verlag Versicherungswirtschaft, Karlsruhe

Freter, Hermann (2008): Markt- und Kundensegmentierung. 2. Aufl., Kohlhammer, Stuttgart

Görgen, Frank (2007): Versicherungsmarketing: Strategien, Instrumente und Controlling. Kohlhammer, Stuttgart

Hanser, Peter (2008): Werbe- und Marketingplaner 2009: Medien, Reichweiten, Schäffer-Poeschel Verlag, Stuttgart

Harde, Nils (2008): Regionales Internet-Marketing: Möglichkeiten des Consumer-Marketing im Internet für regionale Handelsbetriebe. Vdm Verlag Dr. Müller, Saarbrücken

Häusel, Hans-Georg (2005): Brain Script – Warum Kunden kaufen! Haufe Verlag, Planegg

Hilker, Claudia (2009): WOW-Marketing. 2. Aufl., Businessvillage Verlag, Göttingen

Hirschmann, Wolf (2008): Direktmarketing. Erfolg durch Direktwerbung, Mailings & Co. Cornelsen Scriptor, Berlin

Horx, Matthias (2005): Future Fitness. Eichborn Verlag, Frankfurt/Main

Hunke, Guido (2006): Interne und externe Kommunikationsstrategien im „55plus-Marketing" von Finanzdienstleistern. Jahrbuch Seniorenmarketing 2006/2007, S. 161

Jürries, Alexander (2009): Kundenakquise mit Werbebriefen – einfach und überzeugend. 2. Aufl. Haufe Verlag, Freiburg

Kenzelmann, Peter (2001): Neukundengewinnung durch Empfehlungsmarketing. Ein Praxisbuch für Verkauf und Marketing. BoD Verlag, Norderstedt

Kotler, Philipp / Bliemel, Friedhelm (2006): Marketing-Management. Analyse, Planung und Verwirklichung. 10. Aufl., Pearson Studium, München

Kühlmann, Knut / Käßler-Pawelka, Günter / Wengert, Holger / Kurtenbach, Wolfgang W. (2002): Marketing für Finanzdienstleistungen, Knapp Verlag, Frankfurt/Main

Kurtenbach, Wolfgang W. / Kühlmann, Knut / Käßer-Pawelka, Günter (2001): Versicherungsmarketing. 4. Aufl., Knapp Verlag, Frankfurt/Main

Lehr, Ursula (2006): Senioren – eine sehr heterogene Gruppe. Jahrbuch Seniorenmarketing 2006/2007, S. 21

Leicher, Rolf (2005): Fit für die Neukundengewinnung: Vom ersten Kontakt zum ersten Auftrag. Businessvillage Verlag, Göttingen

Levinson, Jay Conrad (2008): Guerilla Marketing des 21. Jahrhunderts: Clever werben mit jedem Budget. Campus Verlag, Frankfurt/Main

Patalas, Thomas (2006). Das professionelle 1 x 1: Guerilla-Marketing – Ideen schlagen Budget: Auf vertrautem Terrain Wettbewerbsvorteile sichern. Cornelsen Verlag, Berlin

Patrzek, Andreas (2008): Wer das Sagen hat, sollte reden können. Handbuch für Kommunikation von Fach- und Führungskräften. Junfermannsche Verlagsbuchhandlung, Paderborn

Pöhm, Matthias (2006): Präsentieren Sie noch oder faszinieren Sie schon? Der Irrtum PowerPoint. mvg-Verlag, München

Puschmann, Karl-Heinz (2003): Praxis des Versicherungsmarketings. Marketinglösungen für Anbieter und Vermittler der Vorsorgebranche als Teil eines ganzheitlichen Marktmanagements mit besonderer Vertiefung des Versicherungswesens. 2. Aufl., Verlag Versicherungswirtschaft, Karlsruhe

Ritter, Steffen (2008): Das Unternehmen Agentur. Erfolgreich selbständig in der Versicherungswirtschaft. Gabler Verlag, Wiesbaden

Runk, Claudia (2008): Grundkurs Typografie und Layout. 2. Aufl., Galileo Press, Bonn

Schlembach, Claudia (2008): Verkaufen: kundengerecht argumentieren und erfolgreich abschließen. Cornelsen Scriptor, Berlin

Schwarz, Torsten (2008) Erfolgreiches Online Marketing. Haufe Verlag, Freiburg

Schwarz, Torsten (Hrsg.) (2008): Dialogmarketing – Das kompakte Wissen der Branche. marketing-BÖRSE, Waghäusel

Schwarzbauer, Florian (2009): Modernes Marketing für das Bankgeschäft. Mit Kreativität und kleinem Budget zu mehr Verkaufserfolg. Gabler Verlag, Wiesbaden

Swoboda, Uwe (1997): Privatkundengeschäft der Kreditinstitute. 2. Aufl., Bankakademie-Verlag, Frankfurt/Main